理解

现实

困惑

重塑
男性气质

拥抱更有同理心与联结的世界

[美]爱德华·亚当斯（Edward M. Adams） 著
[美]埃德·弗朗汉姆（Ed Frauenheim）

卢依容 译

中国纺织出版社有限公司

爱德华·亚当斯（Edward M. Adams）：献给那些了解同理心的力量以及乐于学习的人，也献给那些曾经因为同理心缺失而遭受伤害或毁灭的无数生命。

埃德·弗朗汉姆（Ed Frauenheim）：献给我的儿子朱利叶斯（Julius），感谢他教会我如何成为一个更好的人。

推荐序 1

男性和女性的困难如此不同

文 / 温翠芹（Wendy）
心寻心理创始人，资深精神分析师

当依容邀请我为她翻译的第一本书写推荐序时，我欣然应允。很有趣的是，这本书由两位美国男性所著，谈论的话题是"重塑男性气质"，而我作为写序者、依容作为译者，我们都是女性。

收到这本书后，我迫不及待地几乎一口气读完。因为，作为一名女性精神分析师，无论是个人的成长过程中、与家人和朋友及同行相处的过程中，还是在临床工作以及专业的探讨中，我都特别关注与性别相关的话题，这也是依容邀我给此书写序的极为重要的原因。

重塑男性气质
拥抱更有同理心与联结的世界

大约十几年前，在跟汤姆·坎贝尔博士（Tom Cambell）督导的过程中，有一次我因为某个原因而伤心得落泪流涕。等我把眼泪和鼻涕擦干后，有些不好意思地问他："汤姆，我哭的样子是不是很难看？"出乎意料地，70多岁的汤姆哈哈大笑，他说："温迪，这大概是女人才会问的问题。对于我们男人来说，根本就是能不能哭的问题。"他的回应让我在那刻清晰地意识到——男性和女性的困难如此不同！

我出生在20世纪70年代初山东沿海地区的一个农村，那里对男性和女性的定义和期待非常刻板而根深蒂固，我和哥哥都深受其害。哥哥比我大一岁半，遗憾的是，我们俩的性格特点都不符合传统价值观对男性和女性的期待，甚至几乎完全相反，有些老师对我妈妈说："你儿子和女儿的性格换一下就好了。"

像许许多多女性一样，成长的过程中，有很长一段时间，我因为身为女性所受到的各种不公的对待而愤懑和怨恨。幸运的是，从事心理健康工作，让我有机会了解过去如何影响我的现在，在疗愈伤痛的同时，也引发我的深思。

我发奋读书，不仅成为一名精神分析师，还创办了心寻心理机构。哥哥高中未毕业即辍学在家，郁郁不得志，半年前因病离世，去世时尚不足53岁。痛定思痛，我不得不承认：我们俩一起长大，尤其是幼年和童年，但我并不了解他。长大后，我也从未跟他有过深度对话。我们俩之间就像存在着一道鸿沟。

而这本书正提供了一个跨越鸿沟的机会。心理学家爱德华·亚当斯（Edward M. Adams）和作家埃德·弗朗汉姆（Ed Frauenheim）两位男性合著了这部作品，他们结合各自作为男性在成长过程中的经历以及工作领域中的观察、研究、深思和总结，引导大家一起探索有助于建立一种更加平等、合作和安全的世界的男性气质。他们提出重塑男性气质的关键做法——5个"C"，其中同理心和联结是解放的男性特质的核心。书中引用了丰富的案例故事，生动形象的叙述特别有助于引发读者思考，联想到自己或是身边的人，并深受启发，进而在工作与生活中践行。

读这本书让我更为清晰而深刻地理解了男性的处境和困难，无论对于我在生活中跟男性相处，还是临床工作中与男性来访的交流，都深有启发。我越来越觉得男性是一个更容易被忽略的群体，因为他们被期待和要求成为"强者"，独立、坚强、勇敢、进取、担当、有成就、光宗耀祖，既要是好儿子、好孙子、好丈夫、好爸爸，还要是好领导、好员工等。很多人——包括他们自己——并没有意识到，他们同样需要关照。比起女性，他们更难主动求助，而是通过疯狂工作、酗酒或其他极具破坏性的方式应对压力和心理困难。

每个个体都是独一无二的存在，在我们这个日益复杂、相互依存的世界中，刻板的性别二分期望和要求已严重过时。希望人们可以合作、对话、共同努力，创造一个更好的生态环境：在充分了解禁锢刻板的价值观的基础上，探寻和重新定义自己、与他人和环境的关系。让生命更有意义，让这个世界更丰富多彩。

祝贺依容的第一本译著将与她的宝宝差不多同时"出生"。依容是心寻心理的精神动力学项目的学员,她专注、真诚、友善又聪慧。我对她印象深刻,不仅是因为课堂上她的专注投入,还因为初级组毕业典礼上,她作为毕业生代表发表演讲时的真诚动人和幽默诙谐,更是因为在一对一督导的过程中,她敢于直面人性的复杂与多样性的勇气。

愿此书能给更多人带来启发,让更多人受益!

推荐序 2

成为更加鲜活、完整和富有灵魂的人

文 / 周令书

中美精神分析联盟高级组，资深心理咨询师

伴随中国经济的高速崛起，人们在物质生活逐渐丰富之余，也开始关注精神生活和心理健康。随着心理健康行业的发展，我们很容易注意到，心理健康从业者和求助者中很少看到男性的身影。

这很容易加强一种错误的刻板印象——女性是柔弱、多愁善感和需要帮助的，而男性则是内敛、内心坚忍和自力更生的。女性更愿意在人与人的关系中提供和获得帮助，而男性在这方面堪称傲慢和自以为是。这并不是因为男性在内心深

重塑男性气质
拥抱更有同理心与联结的世界

处不会感到困扰，而是很多男性都倾向于用如钓鱼之类独处的方式去隐藏自己，或者在酒精的麻痹中忘却自己，还有一些男性则倾向于用权力斗争、工作竞争、体育竞技、电子游戏等极具攻击性的方式去宣泄自己。这些方式能够在一定程度上缓解男性面临的内在痛苦，但是并不能真正解决他们内心的空洞感，有时候甚至还会给身边的家人和同事带来困扰。

本书将这种对于深刻情感关系的抗拒，称为"禁锢的男性气质"。这种气质使男性表现为自大、情感疏离、充满攻击性和好胜心，而那些在竞争中失败的男性则可能表现为表面狂妄但内心自卑、社会退缩、回避竞争和拒绝家庭责任。这源自男性对什么才是"真正的男人"这一形象的幻想以及历史文化传承。

男性对于自己是否"不够男人"有着根深蒂固的恐惧，而女性则较少有这方面的心理负担。实际上，在当代女性心目中，"足够女人"已经成为大多数女性试图反抗的一种刻板印象和社会规训。因为女性发现，女性也可以具有传统观念中男性才能具有的品质，如独立、勇敢、智慧、大度、具有冒险精神和领导力。这种女性主义的改革风潮，在当今的女性群体中已经颇为流行，按照本书的理念，这可以称为"解放的女性气质"。而本书则试图描绘一种更少被人讨论的，并且在男性群体中被集体忽视的，对于传统男性刻板印象的改革，即"解放的男性气质"。

这种对于传统男性气质的改革并非要彻底否定男性群体固有的自我认知。本书所描述的"禁锢的男性气质"并不是应该被彻底粉碎和摈弃的糟粕，它其中也具有相当有价值的部分。在男性群体固有的自我认知中所认同的许多特质，在这个时代仍然是一种美德，如传统男性气质中包含的勇气与进取心，道德感与责任感，对家人的保护，在经济上的供养，基于男性气质的自我奉献精神。

本书所描述的解放的男性气质，更想强调的是"禁锢的男性气质"中所缺少的那些特质，那些使男性担心让自己变得"不够男人"而未曾思考过的部分。这些特质强调的是与人建立深刻的情感联结，因为它们在女性身上更为普遍，所以会使人刻板地认为"真正的男人"不应该具有这些情感。本书正是要打破这种禁锢与隔阂。

与我从事的精神分析心理治疗领域相似但又不同，本书采取了另一个视角来阐释同样的思考。本书中描述了"解放的男性气质"所具有的5种特质，也就是5个"C"——对自己和他人的好奇心（Curiosity）、承认和表达脆弱的勇气（Courage）、给予他人关怀的同理心（Compassion）、与他人建立深厚的情感联结（Connection），以及包含对以上部分进行反思的承诺（Commitment）。

本书基于描述作者的观察、思考和洞见，结合具体的案例以及富有启发性的提问方式，使读者反思，一个富有同理心且情感深刻的男性，是否真的因此变得"不够男人"，还是说，他因此成为一个更加鲜活、完整和富有灵魂的人。他不再是一个空洞的男性符号，被内心的孤独所折磨，而是变得内心丰富，与他人的关系更融洽，可以与人更好地合作并且创造出更好的成绩，可以欣赏他人的

重塑男性气质
拥抱更有同理心与联结的世界

价值,并且在这个过程中也感受到更多的自我价值。作者想要强调,这个过程并非对男性气质的否定和践踏,而是体现一种更丰富、更深刻的男性气质。本书描绘了一个令人激动的心理过程,拓展了"男性"这个词所定义的范畴,并且展示了更多的可能性。

这是一本适合所有人阅读的书,不但有助于男性了解自己,也有助于女性了解男性的内心。作为一个男性,我可以想象有很多男性会在阅读本书的某些时刻感到强烈不适。因为这包含了一种过去的固有认知受到挑战的痛苦。这类似真正进入一个心理治疗的过程,去面对自己的内心时可能感到恐惧和痛苦。如果有男性能够阅读本书并获得启发,我认为这对他们而言是完成了一个需要巨大勇气的挑战。而这些启发性的思考,是属于真正勇敢者的奖励。

我相信本书将不仅会影响国内的心理治疗从业者群体,还会潜移默化地影响社会的思潮。在这个时代,如果男性和女性可以增进对自己的了解,以及对互相的了解,那么他们最终能够在互相学习的过程当中逐渐和解。这个过程的实现需要一些推动,而本书将为此贡献一份力量。

本书的译者卢侬容女士,是我在精神分析心理咨询的督导工作中合作多年的学生。我见证了她专业能力的成长,也了解她的智慧、细腻和敏锐。卢侬容是一位具有天赋的心理咨询师,也是一名勇敢、独立的女性。我深知翻译一本书的艰辛,以及卢侬容在书中注入的心血。我相信这是她送给全体男性的最好的礼物。

自序

这本书是希望与爱的体现。我们相信男性很重要,而且非常重要。这看似显而易见,但更重要的是,我们要去审视和更新文化引导男性发展和成熟、培养爱的关系、表达亲密、在工作中取得成功并为我们的社区作出贡献的方式。这些行动关系到每个人和一切存在。

换言之,对男性气质的定义是我们文化生活中的一个基本要素。我们写这本书是为了好好审视那些有意无意中(通常是无形地)影响所有人的男性气质模式。

我们发现既有好消息,也有坏消息。坏消息是,我们文化中形成男性气质的主导方式是不健康的、过时的,以及危险的。好消息是,男性正在重塑男性气质——或者说渴望重塑男性气质——使其对我们的时代有意义,使男性能够蓬勃发展，这也为我们所有人提供了拥抱美好未来的希望。

本书试图推动男性气质由禁锢的转变为解放的，使男性和女性都能从局限中解放出来，从而过上更加广阔、富有同理心和彼此联结的生活。

两人联手，更胜一筹[①]

我们两人联手，以一种两个人都无法独立完成的方式来讲述这个故事。以下是我们各自所作出的贡献。

埃德·亚当斯博士是一位个人执业的心理学家。他也是男性与男性气质心理研究协会（Society for the Psychological Study of Men and Masculinities）的前任主席，该协会也被称为美国心理学会（American Psychological Association，APA）的第51分会。2015年，该分会授予埃德年度最佳从业者奖。30多年来，埃德一直通过个人治疗和团体治疗来帮助男性来访者。1990年，埃德在美国新泽西州成立了一个非营利性组织——"男性指导男性"小组（Men Mentoring Men，M3），旨在帮助男性过上更广阔、更有意义的生活，并以此作为"最佳男性气质"的表达。埃德通过数千次的心理治疗、男性团体会议，促使许多男性获得了由内而外的成长。

[①] 本书的两位作者爱德华·亚当斯（Edward M. Adams）与埃德·弗朗汉姆（Ed Frauenheim）的名字均可用埃德（Ed）表示，本书多处使用"埃德·亚当斯"代称"爱德华·亚当斯"，此处标题有两位"埃德"联手的双关含义。——编者注

自　序

　　埃德作为心理学家和男性团体带领者的经验，使他非常熟悉那些男性经常经历但很少分享的喜悦和悲伤。此外，他个人作为男孩和男人的经历，包括和慈爱但酗酒的、因长期服役患上创伤后应激障碍的父亲相处的经历，都提高了他对男性经历的复杂性和挑战的敏锐度。他是一位丈夫，拥有支持他且充满爱的妻子，也是一位自豪的父亲，拥有细心和体贴的儿子，这些经历使他变得谦逊、有礼，以及有力量。埃德的个人和职业生活经历强化了他的决心，即要通过本书分享他的所学。

　　埃德作为第51分会的前任主席，是美国心理学会关于男性和男孩的心理学指南的发言人之一。这些指南是历时40年的研究产物。该研究表明，无论对男性还是对他们生活中的其他人来说，僵化地坚守传统的男性气质，如攻击性、支配性和斯多葛主义[①]，往往是不健康的。

　　埃德·亚当斯也是一位专业的艺术家——画家、雕塑家和诗人——他拥有一家艺术画廊，展示他的绘画和雕塑作品，至今已20余年。埃德创作了两座雕塑，以纪念那些在第二次世界大战期间表现出非凡的勇气、联结和同理心的普通人。埃德的一座雕塑位于美国新泽西州的史密斯菲尔德公园，是为了纪念拉乌尔·瓦伦贝格（Raoul Wallenberg），其被认为拯救了10万多条生命。埃德为奥斯卡·辛德勒（Oskar Schindler）做了半身像，辛德勒在战争期间避免了120万人的死亡。这座雕像现摆放在电影《辛德勒

---

① 斯多葛主义认为，重要的是在任何情况下都必须保持沉着，学会情感和生理的自我控制，如"男儿有泪不轻弹"。——编者注

的名单》（*Schindler's List*）的导演史蒂文·斯皮尔伯格（Steven Spielberg）的办公室里。瓦伦贝格和辛德勒都是在人性最恶劣的环境中展现出男性气质的最佳典范。

埃德的绘画、插图和诗歌都融入了本书的内容中，因为我们觉得这本书应反映了我们所崇尚的男性气质的多样性和全面性。本书每一章的章首页插图正是由埃德·亚当斯绘制的。

埃德·弗朗汉姆是一位作家，20多年来一直在撰写关于商业、领导力和社会的文章。埃德目前担任"卓越职场研究所"（Great Place to Work）的高级内容总监，这是一家研究和咨询公司，因每年评选出《财富》（*Fortune*）杂志公布的"最佳雇主100强榜单"而闻名。埃德还联合创立了"青色团队"（Teal Team），这是一个小组，致力于帮助组织发展成为更民主、更目的导向、更有灵魂的地方。

在担任这些职务之前，埃德做了20年的记者和评论员，专注于工作、技术和商业战略的交叉领域。他与人合著了3本书，其中包括《适合所有人工作的好地方：对企业更好，对人更好，对世界更好》（*A Great Place to Work for All: Better for Bussiness, Better for People, Better for the World*）。这本2018年的书包含了卓越职场研究所对1万名管理者和7.5万名员工的研究。埃德和他的合著者发现，被称为"适合所有人的领导者"的最具包容性和最高效的领导者，拥有诸如谦逊、好奇心、专注于目标以及培养信任关系的能力等特质。

通过这项研究以及其他文章和报告，埃德所做的工作探索了我们日益复杂、相互关联的经济和全球社会，探讨了它正以怎样的方式呼吁男性摆脱伴随大多数人成长的禁锢式男性气质。当大众媒体激烈地进行关于"成为男性意味着什么"的文化论战时，埃德在工作和组织的领域中促成了一场更为平静但充满活力的对话。他观察到商业世界中越来越普遍的共识：独断、残酷或情感冷漠的方式不再奏效。埃德试图建立点与点的联系，搭建对话的桥梁，以表明一种适合当今职场的不同的男性气质。

埃德·弗朗汉姆还将他与"男性准则"的毕生斗争写入了本书。要强壮？埃德从小就很瘦弱。要支配他人？他六年级打架时打输了。一切为了胜利？他经常在曲棍球、篮球和足球比赛的关键时刻僵住。在埃德一生大部分的时间里，他都受困于传统男性对胜利、对蛮力、对成为企业之王的痴迷。但通过个人反思、有意识的练习和大量帮助，他重新定义了情感敏感性、活力和友爱等特质，认为它们是有价值的。他因此生活得更加充实，并成长为更好的丈夫、更好的父亲。

谁应该阅读这本书？

我们写作《重塑男性气质》时，考虑到了几个读者群体。首先是那些寻求指导以成为更好的男人并过上更好生活的男性个体。我们认为，这本书对于想要更好地了解男性需要的女性也是有价值的。对于在个体咨询和伴侣咨询中帮助男性来访者的心理健康专家和治疗师来说，它应该也会很有用。我们也希望它能为老师以及教练（无论是运动、生活还是商业方面的教练）提供帮助。

我们写作《重塑男性气质》时，也考虑到了组织机构。我们相信这本书可以帮助企业领导人建立更有效、更包容、更有灵魂的文化。同样，我们希望这本书能够对性别研究、心理学和管理学等领域的学术课程有所贡献。

最后，我们相信本书对类似于埃德·亚当斯的 M3 小组以及治疗小组中的男性团体会有帮助和启发。我们在书的末尾附上了一份讨论指南，旨在帮助团体在共同阅读本书的过程中获得最大的收获。

我们还创建了一份男性气质自我评估表，位于讨论指南之后。通过回答评估中的 10 个问题，任何男性都可以大致了解自己在一个连续谱系中所处的位置。一个极端是我们所说的"禁锢的男性气质"，另一个极端是"解放的男性气质"。这个工具旨在帮助男性进行自我定位，知晓他们在迈向更自由、更广阔、更好的生活的旅程中处于什么位置。

高度的风险和积极的想象

我们的目的是推动和促进关于男性和男性气质的公共叙事与个

人叙事。我们想给现状带来一些扰动,来批判性地审视我们安放在男孩和男人身上的种种期望,并提供更多的可能性和选择。我们这样做是因为高度的风险——我们认为男性气质的重塑对生命体本身的命运至关重要。就在我们写完本书手稿的时候,席卷全球的突发公共卫生事件就清楚地表明了这一点。这场世界性的危机毫无疑问地表明,人类的身心健康取决于我们对彼此紧密联结的认识,以及我们对自我以及对他人展现同理心的能力。

直截了当地说,崇尚仇恨、羞耻、暴力且缺乏联结和同理心的男性是有毒的;冷漠、懒惰、容易被卑鄙思想所左右的男性可能是极度危险的;而不愿合作或共同解决问题的男性则阻碍了进步。我们相信,导致有毒、危险和僵化行为的,狭隘而过时的男性气质模式必然受到大多数活出了关怀、有爱和成效的男性的挑战。我们不能再沉默,不能再期望女性承担男性的情感重负,也不能再假定善会战胜恶。

我们打算用这本书来为男性的工具箱提供积极的替代方案。我们也邀请男性和女性共同参与这一对话。很显然,如果没有女性的支持,男性气质观念就不会产生真正的变化,或者说无法维持住真正的变化。男性和女性只需要一个共同的目标来激发彼此之间的合作——渴望去创造一个更友善、更和谐、更具社会公正以及和平的世界。真正的和平始于每个人的内心。我们谈论的不仅仅是停战,而是会导向这种和平的两性间合作。

我们有不同的经历和道路,但我们两人得出了相同的结论。适

重塑男性气质
拥抱更有同理心与联结的世界

应我们所处时代的男性气质需要具备两方面条件：首先，同理心成为一种宝贵的男性特质；其次，男性应重新发现与所有生命的联结。我们将在整本书中通过例子和轶事来说明这些主题。所有的故事基本上都是真实的。在许多情况下，我们会在故事中使用人们的真名。其他时候，为了让人们的身份不被识别，我们更改了名字和一些细节。

最后，谈谈想象力。如果我们没有梦想像候鸟一样在空中飞行，那么载人飞行就无法实现。所有的工程、试验和错误以及无数小时的专注工作造就了第一架飞机，它们之所以成为可能，首先以及最重要的，是它出现在了想象中。

本书提供了实用的信息，可以帮助你冲破过时的成为男人的方式，走向一种更健康、更有力、更广阔的男性气质。而当你调动你的想象力时，当你思考如何在你的个人生活、职场、社区和我们的世界中重塑男性气质时，这本书将是最有效的。谢谢你和我们一起想象。

目 录

引　言　重塑男性气质　　　　　　　　　　　1

　　我们需要一种男性气质，它允许男性表现出温柔和关怀的品质；它既能看到更广阔的社会视角，又能获得理解和驾驭当今复杂性的技能；它愿意承认所有人、所有文化以及我们的环境之间是相互关联的；它愿意带着紧迫感、同理心和创造力投身于解决更多问题。

第 1 章　过时且不健康：禁锢的男性气质　　　23

　　禁锢的男性气质从何而来？我们如何形成了这样一种狭隘的、极具侵略性和竞争性的男性气质？我们关于男性气质的许多狭隘观点可能是大家所共有的，但它们并不是固定不变的。现在，让我们来探索一种有助于我们建立一个更加平等、合作和安全的世界的男性气质。

第 2 章　前进之路：解放的男性气质　　　45

解放的男性气质是一种以关系为中心的男性气质，采纳"我和我们"的视角。它超越了在禁锢的男性气质中所看到的自私固执的"我"这一焦点，将同理心和联结置于基本男性特质的中心。随着对这种男性气质的憧憬融入我们的文化，社会将开始期待不断扩展自我的男性以良性和关系性的方式使用自己的力量和勇气。

第 3 章　从这里开始重塑男性气质：
　　　　5 个 C 的联合力量　　　71

通往解放的男性气质的道路涉及 5 个方面关键的做法，即"5 个 C"——好奇心（Curiosity）、勇气（Courage）、同理心（Compassion）、联结（Connection）和承诺（Commitment）。全体男性都可以通过实践这 5 个 C 来迈向解放的男性气质。这是一个终生的追求，总是有空间让我们成长得更深、走得更远、学得更多、爱得更多。

第 4 章　"温柔地敲打自己"：
　　　　同理心的解放力量　　　97

同理心就像一个大容器，装满了人类精神的精华。一旦同理心存在于我们的心灵中，它就会带来共情、联结、关怀、参与、"我和我们"的思维，以及实现这些积极意图的积极行动。这是我们人性的一个水平极高的道德特征，因为它对自己和他人都是有利的。

目 录

第 5 章　疗愈孤独，拥抱创造力：
　　　　联结的解放力量　　　　　　　　　　　119

解放的男性气质会让男性敞开心扉，并鼓励他们在所有关系中建立亲密的联结。扩展的男子气概导向一种对我们人性更充分的表达，这会带来巨大的回报。疗愈我们的孤独和孤立的方法在于培养富有同理心的思维方式，并且与他人以及我们的自然环境建立有意义的亲密联结。

第 6 章　新的故事：在工作中重塑男性气质　　137

同理心和联结，以及它们的相关品质，如合作、沟通、共情和慷慨，对于个人和团队效率已经变得至关重要。当今需要的是一种解放的男性气质。男性正在响应这一召唤。先进的组织正在摒弃过时的、贬低人的、机器般的管理方式，它们正在培育更高效能、以人为本、有活力的文化。男性正在努力重塑工作中的男性气质，而且这些努力正在发挥作用。

第 7 章　内心的诗意：尊重男性灵魂　　　　　163

解放的男性气质尊重男性的灵魂，它欣然接纳好奇心、多样性和模糊性。解放的男性气质更喜欢创造力，厌恶刻板的教条。它因敞开地面对生活而繁盛，并颂扬即兴而为。一个扩展的男人理解生活的荒唐，同时也有充分拥抱生活的意图。他能够有勇气径直地前往生命的深处，沉入那些可能引起困惑同时也带来启发的问题中。

尾　声　是时候重塑男性气质了　177

我们有能力通过活出我们人性中最好的一面来重新定义男性气质。我们被赋予了形成相互依恋、创建联系以及与我们直系亲属以外的其他人和地球保持深度联结的能力。每一天，我们每个人都在参与创造、维持和改变我们关于男子气概的文化信念。当女性与男性在解放的男性气质之旅上携手共进时，每个人都会有所进步。

附　录　187

名家书评　193

译者后记　199

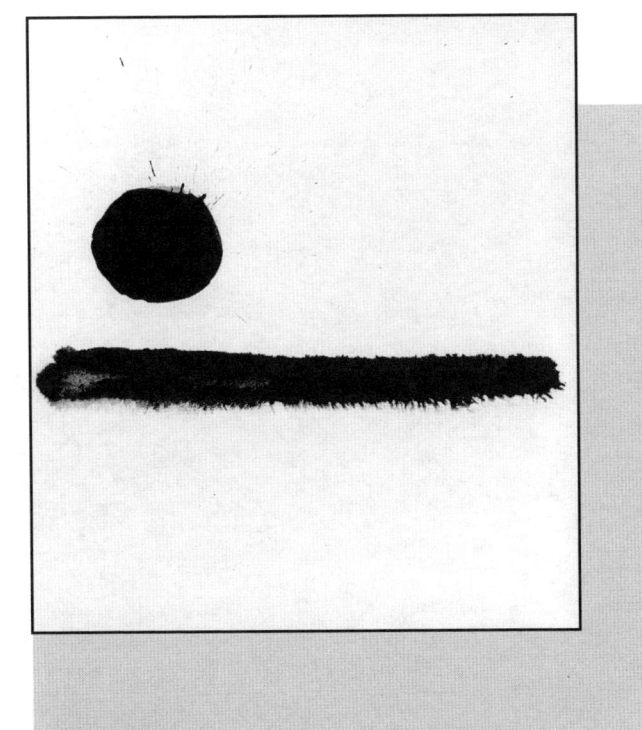

引言

重塑男性气质

"我想搞明白我为什么这么不开心。"

这是约翰在与埃德·亚当斯（本书作者之一）开始咨询时所说的话。

经过两人进一步的交谈，约翰聚焦到了那些通常可能会导致生活不尽如人意的事情上。他谈到了他的工作。尽管约翰在公司里晋升到了一个高薪职位，但他对自己的工作表现感到不安。他说他的婚姻正在"变味"，而且他已经转向从其他女人那里寻求快乐和陪伴。他还提到，他没有"亲密"的朋友，经常感到孤独。

约翰经常依靠喝酒来缓解所有的这些痛苦。不过，他还是很具有洞察力、深思熟虑、善于表达的，而且似乎非常积极地寻求着更多的满足感。

他不快乐的根源是什么？

我们相信这和他对于何为男性的狭隘信念是有很大关联的。

约翰没有将他的问题与男性性别角色联系起来。很多男性体验着类似的孤独感，而且害怕被人发现自己"不够"男人，他们同样也没有做这样的关联。

但事实是，约翰和很多其他男性都受到我们所说的"禁锢的男性气质"的束缚。禁锢的男性气质是对于男性气质的一种约束性的、过时的以及日益危险的理解。它限制并伤害了我们的家庭、朋友圈、组织机构以及国际社会中作为独立个体的男性。实际上，我们甚至可以说，人类的命运可能取决于男性和女性重新设想出更适合 21 世纪的性别角色的能力。如果是这样的话，那就需要男性重新想象男性气质。

虽然风险很高，但是有好消息。全球男性正在勇敢地重新定义男性气质，挣脱过时的期望，拥抱一种广阔、有同理心、相互联结、充满热情的男性气质，它适用于所有人。但在我们进一步了解那些先驱者之前，让我们先描绘下他们正在超越的传统男性的图景。让我们勾勒出禁锢的男性气质。

禁锢的男性气质

"禁锢的男性气质"指的是一系列态度、价值观和行为，它们定义了男性"应该"如何向世界呈现自己。这是一种受限的男性气质观念，男性会倾向于将自己定义为只是扮演了几个主要角色：保护者、供养者和征服者。这种男性气质的"禁锢"的本质也同样体现在他们如何、在何处以及为谁来扮演这些角色上。"禁锢的男性"几乎都认为他们与他人的关系只有一种,即竞争。他们认为,无论多么虚假,他们都需要展现身体上的勇气并表现出信心。他们把精力投注在外在标准上,例如身体力量、财富成功和社会地位。他们很少把注意力放在内在的东西上,像情感和精神。至于"为了谁"的部分,禁锢的男性倾向于将他们作为保护者、供养者和征服者的努力限制在服务于一个相对紧密的圈子:他们自己、直系亲属以及数量有限的他人。

禁锢的男性气质更多关注一个男性的独立性,而不是他的归属感。举个例子,很多禁锢的男性相信,他们应该将情绪留给自己,自我消化,不要表现出脆弱。禁锢的男性气质也有一种根本性的恐惧心态、一种匮乏的和永远存在危险的思维模式。禁锢的男性气质实际上使男性处于防御状态,随时准备对感知到的威胁发出怒吼,倾向于猛烈抨击,深陷在对周围环境的扭曲看法中。

孤立和猜疑的倾向一方面使男性变得自私固执,另一方面也使他们相互联合起来,对抗那些被定义为"别人"的人(这制造了诸多方面的分歧),并且时而爆发出怒火、攻击性,甚至暴力行为。

禁锢的男性常常是高度竞争性的。很多人常常贬低女性以及那些不符合标准性别规范的人。他们的自我价值感往往依赖于他们所取得的胜利,而这些胜利常常以牺牲他人的利益为代价。

禁锢的男性气质对应的是"'真正'的男性应怎样"的僵化、

传统的观念——成为坚忍的战士和德高望重的男性长者。几千年来，这种男性气质观念一直主导着人类文化的大部分领域。但是，正如我们在本书后续章节将看到的那样，这种观念既不是命中注定的，也不是由生物学决定的。性别角色（不同性别的人表达自己身份的方式）在我们人类的历史上被证明是非常不稳定的。它们随着各种因素而变化，包括我们的经济、信仰和文化的转变。

禁锢的男性气质与 21 世纪

今天，性别角色再度发生变化。当下的转变和禁锢的男性气质所具有的日益明显的缺陷密切相关。禁锢的男性行为准则不仅不足以让男性获得个人或集体的成功，而且具有明显的危害性。这不是一种适用于 21 世纪的男性气质。

大多数男性对此都有所体会。在 2018 年由媒体机构 "538"（FiveThirtyEight）进行的一项民意调查中，60% 的受访男性表示，社会加之于男性身上的压力，迫使他们以不健康或不好的方式行事。现在有充分的证据表明，禁锢的男性气质会导致男性抑郁、自杀及产生更多的暴力行为。在美国，自杀者中男性占了 78%，而每 10 个美国男性中就有 3 个患有抑郁症。

事实上，禁锢的男性气质限制了一个男人拥有开阔而充实的人生的能力。对男性角色的压缩式定义和删减式表达，使一个男人很难整合自己人性的基本方面，包括对归属感的需要和关心他人的天性。禁锢的男性气质减少了他对自己和他人的想象，同时也限制了他与家庭成员建立健康关系，发展和维持有意义的友情的能力。

同样，禁锢的男性气质在工作中也不再奏效。大多数公司都具有模仿传统男性价值观的等级结构和不够人性化的做法。但事实证明，这种做法与我们日益复杂的经济形势以及人们对人类和地球福祉的日益关注是互斥的。压力巨大、极其有害的职场环境每年导致约12万人早逝，普通的公司只发挥出了其创新和成长的一小部分潜能。越来越多的公司已经意识到了这些问题，因此一直在进行改变，这种改变会对禁锢的男性构成挑战。各个组织越来越多地期望领导者和其他员工展现出同理心、好奇心和协作性等特质。这些品质几乎与禁锢的男性气质相反。

最后，禁锢的男性气质正在以其受折损的想象力和短浅的目光，以及对超级个人主义、社会等级和身体攻击的拥护，助长社会上的一些问题。其中包括正在加深的经济不平等和不安全感、对女性的物化等。禁锢的男性气质未能以系统的方式看待世界，这损害了我们预测和应对大流行病和其他大规模健康问题的能力。此外，这种受限的男性气质在某种程度上导致了人类面临的最大危机之一——全球气候危机。实际上，许多禁锢的男性甚至否认气候变化是一种威胁。

诚然，禁锢的男性气质让一些男性受益匪浅，而且推动了人类历史上的许多成就。但它也将许多男性视为可随意支配的武器和工蚁，将他们送上战场和扼杀灵魂的职场，剥夺了他们作为完整人类个体的尊严和价值。总之，禁锢的男性气质使我们陷入自我毁灭的模式中，威胁着地球生命的生存。

我们需要对男性气质进行重塑和重新想象。我们需要一种可以对力量、英勇、勇气等传统男性特质进行重新定义的男子气概。我们需要一种男性气质，它能更普遍地应用道德价值，并体现出对所有人、所有生命之间相互联系的高度意识。这是一种意识的转变，从"我"转变为"我和我们"，一种承认他人在我们的思想、言语和行为中的重要性的视角。

也就是说，我们需要一种男性气质，它既包含过去有价值的元素，同时也能超越原有的限制，以契合我们的新现实。21世纪的现实包括在生活的各个方面创造平等。人类在从技术到商业到社会的各个领域也都面临着越来越高的复杂性。更重要的是，我们面临着更大的地球灾难的风险，无论是致命的大流行病、核冲突，还是气候灾难。

换言之，我们需要一种男性气质，它能够适应并尊重更加坚定自信和自主的女性。这种男性气质，它允许男性表现出温柔和关怀的品质，这些品质长期以来被贴上"女性化"的标签，但实际上它们是深植于人性的；这种男性气质，它既能看到更广阔的社会视角，又能获得理解和驾驭当今复杂性的技能；这种男性气质，它愿意承认所有人、所有文化以及我们的环境之间是相互关联的；这种男性气质，它愿意带着紧迫感、同理心和创造力投身于解决更多问题。

开启"解放的男性气质"

解放的男性气质呈现了男性气质的另一种版本，它将男性从传统男性气质观的限制性、破坏性和适得其反的束缚中解放出来。它使男性能够体现多种典型的角色，得以超越传统的供养者和保护者角色，扩展到其他角色，如治疗师、艺术家、恋人和精神探寻者。一个活出解放的男性气质的男人也对如何行使他的多重角色有着更广泛的理解。

例如，他将自己视为家庭和工作环境中心理安全的守卫者。他反对欺凌和羞辱，这些行为会对孩子和同事造成伤害，他知道情感上的伤害会给家庭带来创伤，也会降低企业的底线。一个拥抱解放的男性气质的男人不会认为自己是事物的中心，而是把自己当作整体中的一部分。他在意所有人类和地球上的所有生命。

解放的男性气质包括英勇、力量和成就，这与传统的男性气质观所颂扬的一些方面相同。但在一种重塑的、解放的男性气质中，这些特质已经有所改观。一个解放的男性会意识到自己的作为或不作为对他人的影响，而不会像我们在禁锢的男性气质中看到的那样沉迷于自我。因此，他用自己的勇气、力量和毅力来为他人服务。这样一来，解放的男性气质就是一种高尚的男性气质。

解放的男性气质与禁锢的男性气质处理恐惧的方式不同。解放的男性不会否认或逃避恐惧，而是直面恐惧。他发展出了对于焦虑、愤怒和其他情绪的自我调节能力。当一个禁锢的男性害怕地蹲下时，解放的男性却昂首挺胸站立着并张开他的双臂。他毫不畏惧地拥抱生活，且能够清晰地看待周围的世界。

解放的男性有恐惧，包括自我怀疑。他并不天真，但也不会受恐惧支配。相反，他展示出应对现实的勇气，并以富足和感恩的心态对待世界。他从根本上接纳不完美的自我以及他人的缺点。他接纳生活中的快乐和失望，而并不执着于其中的一种。

此外，深切的信任感也是解放的男性气质的一个主要特征。如果禁锢的男性气质倾向于培养思想闭锁的斗争者，那么解放的男性气质则会培育出心胸开阔的朋友。解放的男性重视和谐的关系，选择与其他民族和大自然和平共处。

同理心和联结

这种对关系的关注体现在解放的男性气质的两个关键要素中：同理心[①]和联结。同理心源于自我关怀，有能力与意愿接纳和体验悲伤、愤怒、喜悦、失望、内疚和惊讶等情绪。男性往往对自己很严苛，当他们觉得自己没有达到社会认为他们应该成为

---

① 此处原文为"compassion"，意为"同情"，本书中根据语境翻译为"同理心""关怀""共情"。——编者注

引　言　重塑男性气质

的样子时，常常会严厉地评判自己。缺乏对自我的同理心会导致羞耻感，而这又会使男性更难展现出对他人的同理心。但自我关怀会激励男性着手应对自己的痛苦，比如作出艰难但必要的决定、寻求帮助以及在犯错时原谅自己。

"同理心"的字面意思是感受他人的感受。同理心能让我们体验他人的悲伤并采取行动缓解或结束这种痛苦。解放的男性通过同理心帮助自己和他人找到目的、平静和真正的满足。

对他人的同理心与和他人建立联结、理解我们彼此的相互依存是密切关联的。联结有多种形式。它涵盖的范围可以从亲密的浪漫爱情到忠诚的父爱，再到深厚的"友爱"（philia）或兄弟情谊。它可以通过参与一项有组织的事业或参与地方的治理来表达。联结承认了共同人性以及面对所有生命的整体感和责任感。

也许这种对解放的男性气质的描述看起来有如登月——一种永远无法在男性心中扎根的理想主义男性形象。

大多数男性都知道，我们从小内化的许多规则都有问题。事实上，今天的男性正在改写男性气质的准则。毫不奇怪，许多男性气质的反叛者是年轻人。其中包括大卫·霍格（David Hogg），美国佛罗里达州帕克兰高中枪击惨案的幸存者之一，他持续公开地反对枪支暴力。其他打破男性模式的男人有各个领域中年长的、杰出的公共领袖，如史蒂夫·科尔（Steve Kerr），他执教金州勇士职业篮球队，基于专注、同理心和快乐等价值观，他率领球队多次获得美国职业篮球联赛（NBA）冠军。又如科技巨头思

重塑男性气质
拥抱更有同理心与联结的世界

科系统公司（Cisco Systems）的首席执行官查克·罗宾斯（Chuck Robbins），他受到一个梦的启发，利用公司的大量资源来帮助解决无家可归者的问题。后文我们将进一步介绍后两者。

其他许多走向解放的男性气质的人都是日常生活中的普通男性。他们质疑禁锢的男性气质，对其好斗的精神内核感到不舒服，意识到它是越发低效的，或者苦于受到它的限制。他们是像我们在本章开始时提到的约翰那样的男性。他在治疗过程中袒露了自己的抑郁和受伤的感受。约翰承认这样做让他感到很脆弱。但他说，只有当他去冒风险并"说出自我的真相"时，治疗才会有帮助。

而且他更进了一步，他同意参加埃德·亚当斯创立的一个男性团体，即"男性指导男性"小组（M3）。M3是一个对男性友好的非营利组织，旨在让男性可以聚集在一起，谈论生活。M3有一条规则：任何人都不羞辱其他人。约翰在M3会谈中发现，他所认为的许多不正常的感受（他的工作焦虑、孤独、他对婚姻失败的感觉）绝非罕见。其他男性描述了相同或相似的感受。约翰不仅在其他男性的故事中找到了慰藉，他还发现自己支持和指导着团体中的同伴。

约翰决定寻求咨询并加入一个男性团体，这是一种勇气。它体现了对传统观念的蔑视，传统观念认为承认情感痛苦、寻求帮助和安慰他人是一种软弱。但事实并非如此。在这个新兴的世界里，同理心、自我关怀和联结的特质被证明是解放的、强大的和必要的。

同理心和联结的解放力量

来看下解放的男性气质对埃德·亚当斯以前的另一个来访者杰瑞的影响。杰瑞几十年来在一家大型保险公司工作,他认为自己的主要角色是家里负责养家糊口的人。他和同事们混在一起,但关系很肤浅,会避开"沉重"的话题。当工作压力堆积起来时,杰瑞达到了崩溃的边缘。他就是在那时向埃德寻求了心理咨询。

"我意识到我没有内在生活。"杰瑞回忆说。他从未意识到,作为一个典型的"公司职员",他的存在是多么受限。

杰瑞坚持接受治疗,并开始参与 M3 团体的活动。渐渐地,他摆脱了禁锢的男性气质的束缚。他开始意识到他需要离开有害的工作环境,走自己的路——成为一名私人健身教练。如今,80 岁的他作为一名私人教练,越发强壮。他也是 M3 的领导者之一,并且坚定地倡导打破由禁锢的男性气质规则所制造的牢笼。

"我挣扎着摆脱那份工作所带来的安全感,但现在我确信这样做拯救了我的人生,"杰瑞说,"在这一过程中,我加深了与妻子和孩子们的关系。我可能没有像我继续待在那里那样有钱,但我的确觉得自己很富有。"

杰瑞展示了解放的男性如何自由地过上更富有、更充实的生活。他的故事表明,一旦男性走向一种扩展版的男性气质,他们就能与配偶、孩子和朋友建立更健康、更牢固的关系。当然,解放的男性气质并不能消除男性生活和社交圈中的挑战,但它的确为他提供了更多的工具、更广阔的视野，以及更强烈的创造和谐的个人关系的愿望。他更有能力整合工作、爱和娱乐，并因此体验到更大的满足感。因此，一个解放的男性不仅在情感上更有智慧，他对自己和他人的看法也会持续扩展，能包容各种可能性。

解放的男性气质也适用于组织、机构和其他领域。许多公司开始认识到，维持一种对应于禁锢的男性气质的商业模式所存在的隐患。在互联、快节奏、动荡的环境中，我们需要新方案来替代自上而下的指令式结构。合作、沟通和同理心等"软性技能"，以及慷慨本身，它们对成功而言是至关重要的。好奇心也是如此。学习和成长是必不可少的，并且需要拥抱脆弱性。它们需要你有勇气承认自己不知道所有的答案，并愿意保持好奇心和提出基本的问题。在提倡温暖、灵活和联结的组织中，冷酷、僵化和孤立的男性气质（也就是说，禁锢的男性气质）越来越不起效。

解放的男性气质也使男性能够帮助解决我们的社区和地球所面临的迫在眉睫的问题。在考虑战争、贫困和气候危机等挑战时，解放的男性不被自私和短视的观点所束缚，而是会运用全局化的视角。他可以看到其他角度，并提出创造性的解决方案，以建立一个更健康、更友善、更和平、更繁荣的世界。

五个"C"

同理心和联结是解放的男性气质的核心，它们也是重塑男性

引 言　重塑男性气质

气质的一张更大处方的一部分。如何从一个禁锢的男性变成解放的男性？我们认为有 5 个关键要素或做法，我们称之为 5C：好奇心（Curiosity）、勇气（Courage）、同理心（Compassion）、联结（Connection）和承诺（Commitment）。

下面是每个"C"所代表的含义：

▶ 好奇心是提出问题和疑惑——尤其是关于生命中是否还有更多的东西，以及是否有一种方式会优于传统、禁锢的男性规则所允许的方式。

▶ 勇气是挑战主观恐惧和社会约束，它们阻碍了我们表达自己作为男性的多面性。

▶ 同理心是对自己和他人内心的痛苦和失望敞开心扉。

▶ 联结是注意到生命系统的相互依存关系，培养与人类和地球之间更健康的关系。

▶ 承诺是致力于扩展性别角色，支持一种适用于所有人的解放的、强大的和不断扩展的男性气质。

5C 反映出这样一个事实，即一个男性可以从多个切入点开始重塑他的男性气质。例如，一个禁锢的男性可能会发现他的内心被某人的痛苦故事所触动，从而认为将温柔等同于软弱是没有意义的。这一事件可能会促使他感受到更强的联结感，也感受到获得了新的勇气来面对与禁锢的男性气质有关的恐惧，包括对显得

"女性化""不胜任"或不够"男人"的焦虑。想象一下，这种改变的视角会如何改善他的人际关系？

正如这个例子所表明的，5C 之间是相互作用的。它们也是循环往复的。重塑男性气质的男性将继续改善这 5 个方面的做法。解放的男性气质意味着一次又一次地实践所有的 5C，发展出一种更自由、更广阔、更高尚的男性精神。

对男性气质充满意识和灵魂的重塑

实际上，由于重塑的男性气质意味着深化 5C，它也反映了一种更高的意识水平。解放的男性气质代表了一种思考世界的方式，学者们称之为"系统性"或"整体性"的思维方式。禁锢的男性气质制约了看到人类相互之间联系的能力。禁锢的男性倾向于以二元的方式来思考，就好像一个强大的战士不可能也是一个脆弱的爱人，或者就好像一个特定国家的人并不同时属于整个人类。

解放的男性气质反映了一种更高的意识水平，它激发了更广阔的世界观。它可以有效地应对我们的组织和社会中更大的复杂性。它不会被非黑即白的选择所束缚。通过看到更多的灰色地带，同时坚守道德准则，解放的男性气质能够激发更大的创造力以及更具创新性的问题解决方式。

更高的意识水平可以帮助在工作和家庭中陷入实际的两难困

境的男性，它也让男性从容面对精神和灵魂层面的问题。禁锢的男性经常拒绝或笨拙地应对不可见的现实，比如爱、温柔以及精神的或神秘的真理。这些现实构成了生活的诗意，并带来了我们追寻的很多欢乐和更深层的意义。解放的男性认可、接受并拥抱这些奥秘。解放的男性气质打开了心灵疗愈之门。

许多男性和女性会拒绝谈论一种更具灵魂的男性气质。总体而言，今天人们对解放的、宽广的男性气质有很大的抵触。这种抵触在很大程度上反映了一种简化的和未经审视的态度，即拒绝使我们的男性气质变得成熟。

实际上，我们正处于一个充满巨大困惑和性别混乱的时期。尽管越来越多的人正在扩展传统的性别定义和性别身份，但其他男性和女性却在加倍强调传统的性别刻板印象，并要求遵从社会规则。还有许多人对正在浮现的、更加复杂的性别图景感到困惑。但这或许只是因为，这种混乱和动荡是在开创有关男性和男性气质新范式的过程中所必要的。

尽管如此，对于那些在这个方向上迈出最初的、谨慎的，有时是大胆的步伐的男性来说，对于转变的倡导者来说，对于我们整个社会来说，指向解放的男性气质的猛烈攻击仍然是令人痛苦的。不妨就将它们看作成长的痛苦，看作人类从青春期意识迈向更高等意识这一更广泛过程的一部分。

阅读《重塑男性气质》

我们希望这本书既能成为减少这些成长痛苦的指南，又能成为一份重塑男性气质的地图。我们相信它可以服务于那些想努力弄清楚如何成为一个好男人、好配偶和好父亲的男性。我们希望所有男性和女性，无论其种族、教育或经济状况如何，都能体验到一个解放的人生。同时，我们相信这本书可以帮助到企业领导者，因为他们试图通过帮助员工（尤其是男性员工）变得更真实、更包容、更有效，从而帮助他们的组织蓬勃发展。我们还希望《重塑男性气质》能够让人们聚焦到有关男性如何向世界呈现自己的讨论中，并让更多的男性和女性产生新的想法。

我们认为将这本书从头读到尾会有最好的效果，但也欢迎你直接跳到能激发你兴趣的章节。前两章描述了禁锢的男性气质和解放的男性气质。第3章详细探究了5C的内容。接下来的两章特别探讨了同理心和联结的解放力量。第6章深入考察了如何在工作中重塑男性气质，而第7章探讨了灵魂在解放的男性气质中的作用。最后，我们写了一封致男性和女性的"公开信"，呼吁他们重新设想如今作为一名男性意味着什么。

我们在大多数章节的末尾提供了实操练习。这些活动基于5C，旨在帮助男性走向解放的男性气质。

被重塑的约翰

约翰是致力于解放的男性气质的人之一。你可能还记得,约翰并不快乐,但渴望改变。

为了改变倦怠、局限的生活,约翰寻求咨询,探索和识别他的情绪,建立一个有意义的支持系统,并找到勇气艰难地修正人生方向。

他不再饮酒,并开始参加匿名戒酒协会。他还摆脱了频繁的幽会,因为他终于发现这是一种无用的解决办法,并非持久满足感的来源。他跨出一步,重新找回了一段曾"任其消失"的友谊。他成为 M3 的一员,定期参加每月两次的约有十几位男士参与的聚会。

简单地说,约翰努力挣脱旧有的习惯,扩展自己。同时,他变得更加自省,并与他自身以外的其他人也建立了更紧密的联系。随着他的生活开始变得更为充实,他的工作效率提高了,同时他的工作压力也减少了。

在与埃德·亚当斯的谈话中,约翰谈到了他是如何发觉这些内在和外在的扩展对可持续的深度满足的重要性的。埃德为这些努力拟了一句口号——"守护幸福"。这个想法代表了一种非常不同的"保护",有别于约翰过去所熟悉的,即仅仅保护自己和妻子在人身和财物方面的安全。这种狭隘的认同对他来说并不是太高的要求,但这导致他陷入停滞和悲伤。

"除了容易抑郁，这还很痛苦，"约翰告诉埃德，"现在，我无法想象不去守护幸福。"

这并不是说约翰从此过上了幸福的生活。约翰在加入 M3 后不久，就和妻子分开了。他们的关系已经变得不可调和，约翰在离婚期间和之后都很痛苦。

三种方式活出解放的男性气质

有三个男孩在同一个村庄出生和长大。男孩们得到了大量的爱、引导和支持，他们因此成长为强大而智慧的男人。

第一个男人运用他的力量和智慧获得了巨大的财富。他用自己的财富来支持惠及整个村庄的项目。

第二个男人成为一位备受尊敬的领导人。他运用自己的力量和智慧治理整个地区，该地区以其持久的和平与安宁而著称。

第三个男人过着简单而谦逊的生活。他用他的勇气和爱来培育自己的同理心，并将他的想象力扩展到更大范围。他的一生改变了世界。

然而，他并没有独自承受痛苦。

他重新点燃的友谊和 M3 小组的男士们提供的现实的支持，振作了他的精神。

尽管那段时间很痛苦，但约翰总体上对自己的经历并不后悔。他很高兴开启了持续终身的挣脱禁锢的男性气质外壳的过程。他很高兴重塑了自己对男性气质的理解，也很高兴选择了一种解放的男性气质——一种让他感觉更有活力的男性气质。

"我认为，一切发生的事情都必须以既定的方式发生，"他说，"因为我现在非常感激我的生活展开的方式。"

思考和行动

好奇心：你是否感到被传统的男性气质观念所禁锢？如果是，你是如何被禁锢的？你是否愿意改变你作为一个男人的信念和行为？为什么或为什么不？

勇气：对着镜子，和自己谈一谈那些你可能出于禁锢的男性气质观念而伤害了自己或他人的经历。

同理心：你能够对一位你认识的可能陷入恐惧或偏见中的男性说一些温暖的话吗？

联结：你能够在你个人生活中或者工作中与某个人主动开启对话或交流，尝试和他们建立比现在更加深入的关系吗？

承诺：在你的日常生活中，有什么样的改变可以为你的男性灵魂注入活力？你能承诺在一周之内作出这种改变吗？

第1章

过时且不健康：禁锢的男性气质

第 1 章　过时且不健康：禁锢的男性气质

可以听听本的故事，这是一个关于男性陷入禁锢的男性气质的好例子。

本是本书作者之一埃德·亚当斯在几年前的一位来访者。

本咧嘴一笑，带着自信的论断开始了他的第一次治疗。"我来这里是因为我妻子觉得我不开心。""那你确实不开心吗？"埃德问。本言之凿凿地回答："没有，但是我周围的每一个人都不开心。我的任务就是照顾好我的家庭。我日夜都在这样做，他们凭什么抱怨呢？"

本有一把史密斯韦森 9 毫米口径的手枪，在他的卧室抽屉里"随时待命"。每晚，本带着积极保卫家庭的意愿履行了他作为保护者的职责。然后，他每天早上醒来，出门工作，承担起他作为供养者的责任。

在第一次咨询中，本对埃德架起了情感的盾牌。"我很好。"

他声称。

但是本并不好。

几次治疗之后，本向埃德承认，他精疲力尽，压力大到"难以置信"。为了供养家庭，他一直在工作。他的妻子自称"工作寡妇"，而他的孩子们也不指望能和爸爸一起做事情。

"我爸爸是一个懒虫，"本说，"在学校里，他们因为我穿着打过补丁的衣服而嘲笑我。现在，我给予我家人的比我想象的要多得多。但无论我为他们做什么，都是不够的。"

本的意图是爱并关怀他的家人——成为一个好丈夫、一个好父亲。这不是问题。问题源于他对男性气质的狭隘表达。本展现了禁锢的男性气质塑造许多男性生活的方式，以及这种版本的男性气质的局限性。在本章中，我们将详细定义我们所说的"禁锢的男性气质"的含义，描述这种作为男性的方式所具有的信念、行为和后果。我们也会探索这一不健康、过时以及具有威胁性的男性气质的根源。

"禁锢"的男性气质哪里来

几千年来，人们一直在争论，作为一个男人的本质是什么。古希腊人自己也有多重的，有时是相互冲突的男性理想。在经典史诗《伊利亚特》和《奥德赛》中，奥德修斯的形象体现了勇敢、

第1章 过时且不健康：禁锢的男性气质

坚强的英雄观念，他勇于冒险和征服。但希腊人也在他们供奉男性神灵的万神殿中展示了一系列其他男性模型，包括全能的统治者宙斯、战神阿瑞斯、理性和道德之神阿波罗，以及代表欢乐、敬畏、直觉和狂喜的酒神狄俄尼索斯。

男性气质的定义（也就是说，男性的性别角色）在不同文化中有所不同，在人类存在的历程中也经历着变迁。

为了反映这一现实，美国心理学会第51分会（专门研究男性和男孩心理健康的分会）不再认为男性气质是一个单一、固定的概念。如今，第51分会使用"masculinities"（"男性气质"的复数形式）这一术语来表明男性可以用多种方式来活出和表达出男性气质。

如果你调查一下男性气质的图景和用来描述男性所习惯的生活方式的词汇，你会发现这样一些表述：从"有毒的男性气质"到"野蛮的男性气质"，到"传统的男性气质"，再到"高贵的男性气质"。

我们选取"禁锢的男性气质"和"解放的男性气质"这两个表达，来描述男性气质一直以来的情况和未来的走向。我们选择这两个词有几个原因。首先，它们以日本精神病学家森田正马（Morita Shoma，1874—1938）的工作为基础。他发展出了所谓的"森田疗法"（Morita therapy），这是一种行动导向的咨询方法，融合了西方和东方的理念。森田区分了"禁锢的自我"和"扩展的自我"。禁锢的自我只顾及自己，过分专注于自己的需要。这是一种深陷主观恐惧的思维方式。森田认为，禁锢的自我导致了神经症或不良的情绪状况。

有限性和匮乏性

森田使用"扩展的自我"这一表述来描述通过联结、同理心和服务他人来获得的积极心理健康状态。我们将在下一章中更多地谈论"扩展的自我"以及"解放的男性气质"这一相关概念。

森田的"禁锢的自我"这一概念以"我"为中心，并带着恐惧看待未来，这捕捉到了几个世纪以来男性和女性社会化地考虑男性气质的方式的主要特征。

其次，我们选择"禁锢的男性气质"一词的另一个原因是，这种男性气质是由其局限性定义的。它的核心是有关男性气质的根深蒂固的信念所带来的限制——关于男性"应该或不应该"扮演什么角色，男性如何履行这些角色，男性可以在哪些领域以及为了谁而行动起来。还有一种潜在的与这种男性气质观念有关的有限感和匮乏感。匮乏的思维方式（关于从资源到性再到地位之类的事情）与僵化的世界观交织在一起。对于禁锢的男性来说，根本性的心理僵化会导致对变化和不确定性的焦虑，以及对性和女性的困惑。

在我们更深入地探究禁锢的男性气质是什么样的之前，需要

第 1 章　过时且不健康：禁锢的男性气质

注意，一些女性也认同了这种版本的男性气质。一些女性为了在男性拥有更多权力的领域取得成功，也采取了禁锢的男性气质的态度和行动。女性也可以要求男性符合约束性观念所勾勒的男性气质的样貌。她们可以通过赞美、奖励、轻视、羞辱和惩罚男性的方式来强化禁锢的男性气质，有时会发出混合的信号。以本的情况为例。尽管他的妻子希望他能与她共度更多有意义的时光，但她也希望本成为一个成功的养家糊口者。这种相互矛盾的信息会给男人们带来棘手的问题，尤其是如何在赢得物质财富和有足够的时间及精力与所爱的人分享财富之间取得平衡。

我们也要承认，禁锢的男性气质代表了男性气质连续谱系中的一个点。差不多所有男性都接触过这种强有力的信念并受到其影响，但这并不意味着他们全盘接受了这种信念。越来越多的男性和女性正在挑战禁锢的男性气质，这在很大程度上是因为，它在这个新兴的世界中行不通。

什么是禁锢的男性气质？

禁锢的男性气质认同男性的 3 个主要角色：保护者、供养者和征服者。根据什么是"真正"的男人的传统看法，这些角色是可供男性借鉴的核心原型或标准模式。这些原型有着古老的起源，并且往往在不同文化中具有普遍性。它们是具有价值的，因为它们印证了永恒的人类体验和适应能力。但在每个男人的生活中，

重塑男性气质
拥抱更有同理心与联结的世界

这些原型都会受到时间和地点的影响。而且，就像心理学和生物学中的其他事物一样，总是存在个体差异。通过牢记个体差异，我们可以将原型应用到我们的生活中。

在幻想、文学和大众文化中，保护者一直是骑士、士兵和家庭捍卫者，就像本看待带着史密斯韦森手枪的自己一样。同样，供养者一直以来都是农民、商人，是带着培根回家并为家人带来美好生活的人。征服者则一直是国王、高中四分卫、职场步步高升者、女性"杀手"——征服敌人、控制周围环境并得到女孩青睐的男性领导者。禁锢的男性气质几乎没有为其他角色留下任何空间，诸如敏感的爱人、智者、心灵的探索者和疗愈者。

牢牢禁锢住男性气质的做法使男性只能通过有限的方式来履行他们的性别角色。我们可以从"怎么做"的角度来考虑这个问题。对竞争的依赖、侵略性、血气之勇和傲慢的自信是"怎么做"的核心特征。禁锢的男性几乎把每个人都视为比赛中的竞争对手。他们被期望"像个男人"，在任何情况下都要勇敢，不表现出任何脆弱性——这是软弱的体现。禁锢的男性气质回避了其他与世界发生关联、穿行于世的方式，包括好奇心、同理心和合作。

同样地，禁锢的男性在有限范围内经营自身。在禁锢的男性气质下，男性发现自己受限于外在领域。这些领域包括身体和性的个人领域，以及财富和社会地位的公共领域。理想的男性是强壮的，性能力也强，他很富有，在他人眼中地位显赫。一个男人的内在生活常常被搁置一旁，因为它可能暴露出脆弱性，从而威

第1章 过时且不健康：禁锢的男性气质

胁到他的地位。禁锢的男性气质容易阻隔精神和情感的世界，包括伴随着人际关系和亲密关系的一系列情感。因此，禁锢的男性可能无法意识到自己的灵魂或心理需要。

禁锢的男性气质也将一个男人的关心和关注范围局限于他自己、他的家人和少数其他人。一个禁锢的男性可能会认同特定的地理意义上的社区，或者那些具有共同特征的社群，比如专业运动队的球迷群体。但他的群体人性意识往往没有得到广泛延伸。他很少关注更广泛的人群，也很少关注他与整个地球生命网络的联系。

禁锢的男性气质和有限性相关。它创造了一个让男性身处其中来回踱步的牢笼，让他们受到限制、孤立和隔离。禁锢的男性气质限制了想象力，因为对男性气质的构想被套进了预设的文化观念之中。这就像总是在照章办事一样。禁锢的男性气质的典型特征是对于"做一个自给自足的男人"的幻想——否认我们对他人的需要和依赖。禁锢的男性气质在倡导自足性和独立性的过程中，会让人产生不健康的幻想——这常常会导致孤独感。

与强调离散性（discreteness）相关的是，传统的禁锢的男性倾向于用固定的眼光看待事物，包括天赋、智力、性别角色、人性以及什么是"真正的男人"。在这些以及其他方面鲜有成长的空间。此外，禁锢的男性气质立足于一种匮乏的心态。一个禁锢的男性认为世界上的资源是稀少的、有限的，这些资源必然在一系列无休止的零和博弈中被争夺。因此，禁锢的男性气质带有一种源自持续性恐惧状态的根本性焦虑：我能否得到足够的东西？有足够的食物给我自己、我的家人、我的员工吗？有足够的钱吗？有足够的地位吗？

禁锢的男性气质蹲伏以及其他影响

潜在的恐惧，连同征服者的角色、竞争性和对他人有限的关怀，让禁锢的男性实际上处于防御性的蹲伏状态。禁锢的男性警惕性高，随时准备发出猛烈攻击——然而他们蜷缩的姿态使他们无法充分看清周围的环境。这种视野的缺乏意味着禁锢的男性无法作出全面的身体、情感和关系方面的反应。例如，禁锢的男性往往无法注意到来自其他人的情感信号，这些信号需要得到敏感的和安慰性的回应。这种禁锢削弱了情绪智力，因而限制了至关重要的情感技能。

禁锢的男性气质处于"蹲伏"状态，这表现为充满不信任，以及对感知到的威胁和恐惧的过度反应。为了应对真实的或感知到的威胁，禁锢的男性倾向于去支配、防范或取悦他人。这导致了一个悖论：禁锢的男性往往占据主动。他们的局限性导致他们越过了适当的边界。他们会在商务会议上气势汹汹，或者欺负和羞辱他人，制服对方，以确保自己成为"今天的赢家"。然而，禁锢的男性最终也并没有获得多少空间和话语权。当那些接受了持续竞争设定的男性总是无法站到最顶端时，他们往往会服从于

第1章 过时且不健康：禁锢的男性气质

那些竞争胜出者的权威。他们倾向于容忍、顺从和友好对待欺凌者，或者退回到一种深深的被动状态。

让我们称其为"蹲伏效应"（crouch-couch effect）。如果男性发现他们无法应对始终存在的失去地位的威胁和不胜任感，他们可能会再次陷入听天由命和情感淡漠的状态。他们可能会放任自己在电视、电脑或手机屏幕前休闲度日。男人的空虚感和孤独感会导致他寻求破坏性的习惯和空虚的快乐，比如沉迷于色情作品。换句话说，禁锢的男性气质既可以导致专横的行为，也可以导致温顺的退缩。这同为蹲伏状态的两面。

禁锢的男性气质的另一个后果是一种自我沉迷的倾向。埃德·亚当斯的一位来访者开玩笑说："我不怎么样，但我满脑子都是我自己。"尽管他的表达显示出一定程度的自我意识和谦逊，然而它还是体现出了他和其他许多男人对自身的迷恋。

即便男性为了家庭长时间努力地工作，他们的注意力仍然主要集中在自己身上。营造一个好的生活和家园不仅是为了照顾家人，也可能是为了"与邻居攀比"——或者打败他们。同样，孩子们的成就往往被视为体现了作为父母的成功。这种动力有助于解释一些男性在青少年体育赛事中狂热地欢呼和嘲笑的做法。苏西在赛场上的表现要么让她父亲的自尊心油然而生，要么让他感到挫败。

隐藏自己

任何一个曾经经历过在一个讨厌的、大喊大叫的父亲旁边观看足球比赛的人都会知道这种投射对每个人都是不健康的,包括那个禁锢的男人自己。事实上,尽管禁锢的男性气质使男性倾向于以自我为中心,但它也阻碍了男性以一种积极的方式与自己建立联结。受伤、失望或悲伤的自然感受被定义为标志着软弱。它们会引发羞耻感,而把所有这些情绪都藏在心里,只会放大这些情绪。

"由于许多男性从小被教育要独立自主、有能力照顾好自己,任何不顺心的事情和感受都需要隐藏起来,"弗雷德里克·拉比诺维茨博士(Fredric Rabinowitz)说,他是美国加利福尼亚州雷德兰兹大学的心理学家,曾帮助管理美国心理学会关于男性和男孩心理健康的新指南。"一部分状况是,那些把事情藏在心里的男人环顾四周,发现没有人共享他们内心的冲突。这让他们感到被孤立了。他们认为自己是孤独的,觉得自己很脆弱。"

所有被禁锢的男性气质压抑的情感最终会以各种方式表达出来。他们会表现为自行用药和药物滥用、愤怒爆发、抑郁、焦虑、孤独,有时还表现为暴力。

我们在上文中指出,禁锢的男性气质在社交层面的一个表现是倾向于认同当权之人。另一个群体效应是,它使男人们联合起来,反对处在他们有限的圈子之外的人。也就是说,禁锢的男性很容易拉帮结派，反对那些因为种族、宗教、地理和政治差异等可感知的特征而被定义为"他人"的人。

当涉及厌女倾向以及无法容忍不符合严格性别范式的人群时，这种对他人的反对可能尤其成问题。厌恶女性意味着对女性的蔑视，它综合反映了对女性的物化、性挫败以及一种男性从根本上优于女性的感觉。无法容忍性差异存在的人群会恐惧和仇恨同性亲密关系以及其他围绕性和性别的非标准选择。

陷入性别歧视和偏狭

由于禁锢的男性气质对男子气概的构想很局限，它助长了性别歧视和对性的不宽容。攻无不克、坚忍、自给自足、性能力强大的供养者，即战斗首领，几乎都要求女性成为顺从于他的对象。因此，禁锢的男性倾向于认为自己优于并有异于女性和非传统性取向的人。他们可能会通过个人的身体攻击来表达这种蔑视。

我们在禁锢的男性气质中观察到的信念、行为和后果与其他对男性传统性别角色的分析相吻合。例如，可以看一看学者罗伯特·布兰农（Robert Brannon）在其对美国男性的开创性研究中得出的结论。1976年，他在书中明确了男性气质的4个关键要素：

▶ 没有娘娘腔的表现（反对女性气质）；

- ▶ 大人物（地位和成就）；

- ▶ 像结实的橡树或男性机器（独立性和缺乏表达能力）；

- ▶ 给他们点儿厉害瞧瞧（冒险性和攻击性）。

在 21 世纪的前几十年里，布兰农关于身为男性的主要方式的观察基本上是成立的。我们认为，将男性气质的这 4 个方面置于禁锢的总体概念中是有用的。禁锢的男性气质模型将反对女性气质、注重力量、斯多葛主义和好斗视为仅有的选择。实际上，这些"男性规则"就像一个盒子里的无形壁垒，像一个笼子里看不见的栅栏。正如我们将看到的，我们是有可能从这种狭隘的男性气质观中解放出来的。

禁锢的男性气质的根源

禁锢的男性气质从何而来？我们如何形成了这样一种狭隘的男性气质，其典型特征是极具侵略性、极端的竞争性、斯多葛主义以及独立到了孤立的程度？在这种男性气质下，男人的自我价值几乎完全取决于击败他人，脆弱性是被禁止的，而女性和非标准性取向的人则是低人一等的。

有人认为，男性之所以具有侵略性，是因为"男人就是这样"，或者因为"男人一贯如此"。

第1章 过时且不健康：禁锢的男性气质

这两点都不对。

让我们先回顾过去。根据有记载的人类历史，我们很容易认为我们这个物种一直都有基本固定的性别角色，男性是好斗、麻木迟钝、个人主义的，以"得到女孩青睐"、积累个人权力和财富为目的。这种大男子主义、不择手段的男性观简要地捕捉了几千年中的人类样貌，但它并没有定义有历史记载之前的男性是什么样的。[1]

几万年来，我们的智人祖先一直生活在狩猎—采集社会中。学者们普遍认为，这些早期的男性和女性似乎倾向于共享权力，并有可能一起参与照顾的、"亲社会"的行为中。

一些观察者将农业的兴起视为重塑性别角色的关键。一种理论指出，畜力犁的出现对两性分化尤其重要。孕妇不适合在役畜的后面犁地，因为这样会导致流产。学者肯·威尔伯（Ken Wilber）认为，畜力犁在很大程度上导致了女性角色的驯化，并使男性承担起更具经济生产力、公共性和从根本上来说更为强有力的角色。

---

[1] 我们想对"有记载的历史是以男性统治、坚忍禁欲和性别歧视为特征的"观点作出一点提醒，虽然这总体上是对的，但在西方和东方文明中，男性定义自己的方式一直有很强的多样性，在过去几千年的时间里，男性并不总是遵循"禁锢的男性气质"这一僵化的版本。

重塑男性气质
拥抱更有同理心与联结的世界

我们过去的样子：一个测验[①]

请针对以下 3 个问题，回答"正确"或"错误"。

1. 根据科学家的说法，最早的人类社会可能是人人平等的。

正确☐　错误☐

2. 两性平等不是最近才出现的观念。人类学家认为，在我们大部分的进化历史中，这一直是人类的规范。

正确☐　错误☐

3. 两性平等可能是早期人类社会的一个进化优势，因为它可以培育更广的社会网络，促进无关联个体之间更友好地合作。

正确☐　错误☐

这 3 个问题的答案都是"正确"。如果你全都答对了，那么你可能也会好奇：我们这些"现代人"怎么了？

可能的情况是，当农业居住点成为永久性的，并且人口不断增长时，最具攻击性的男性能够夺取社会和政治控制权，建立起

[①] 资料来源：罗伯特·萨波尔斯基（Robert Sapolsky）于 2007 年 9 月 1 日发表在《至善》（*Greater Good*）杂志的《灵长类动物之间的和平》（*Peace Among Primates*）一文。

第 1 章　过时且不健康：禁锢的男性气质

专制、等级森严的男性传统，这种传统一直延续到今天。

尽管人类文明的历史在很大程度上是父权制的，但这并不意味着男性总是被定义为拥有一种禁锢的男性气质。如果说有什么特别之处的话，那就是过去几千年似乎是一种反常现象。我们这个物种的全部故事表明，男性能够有非常不同的信念和行为。正如学者保罗·吉尔伯特（Paul Gilbert）所说："当社会环境良好时，男性的心理也会是良好的。"

男性的天性

然而，还有一些人声称，男性心理最真实的表现是支配性——占主导地位的男性要去统治弱于自己的男性。按照这一逻辑，男性天生好斗，是因为睾丸素的作用，它与攻击性行为和性冲动有关。但如果说这种激素决定了男性的思维和行为，就太过简化了。斯坦福大学生物学和神经科学教授罗伯特·萨波尔斯基写道："一项又一项研究表明，当你去检查男性第一次加入社会群体时的睾丸素水平，会发现它并不能预测谁会具有攻击性。"

萨波尔斯基与人合作的一项研究指出了社会化如何能够超越生物学，以及性别角色何以迅速变化。在研究狒狒的行为时，萨波尔斯基观察到这些灵长类动物中有一个特定的群体在一个垃圾堆里进食，而那里的食物中的肉是有毒的。由于占统治地位的雄性狒狒总是率先进食，它们吃了腐坏的肉之后就死去了。我们中那些非常重视睾丸素和所谓固定的"丛林法则"的人可能会预测，新的雄性首领会崛起，来填补空缺的位置，但这并没有发生。相反，这个群体变得不那么具有攻击性、更平等，以及更团结。换言之，当创造攻击性竞争氛围的雄性统治者消失时，他们创造的结构也随之消失。

萨波尔斯基的狒狒研究与性别差异研究有相似之处。尽管人们普遍认为男人和女人是如此不同，以至于像来自不同的星球，但科学表明，相比差异性，我们其实有更多的共同点。研究显示，男女之间最具统计学意义和可预测的差异是很小的。2005年对性别差异进行的一项重要研究发现，男性和女性在人格、认知能力和领导能力方面基本相似。威斯康星大学麦迪逊分校的心理学家珍妮特·希布里·海德博士（Janet Shibley Hyde）发现只有几个主要差异：男性可以把东西扔得更远、身体更具攻击性，并且在没有承诺的关系中对性持更积极的态度。

人们很容易将有关攻击性和性的研究结果视为性别刻板印象的佐证，但海德的研究推翻了这一结论。她发现，性别差异似乎取决于测量它们的环境。例如，在一个实验中，参与者被置于无法辨认他们是男性还是女性的情境中，当他们被赋予机会来表达攻击性时，没有人遵循关于他们性别的刻板印象。相反，他们的表现与预期相反：女性更具侵略性，而男性显得更被动。

我们很容易躲在一种错误的观念背后，即男性和女性永远注定会彼此疏远。当人们说"他只是男性本色使然"或"女人就是

第 1 章 过时且不健康：禁锢的男性气质

这样的"时，我们的"过敏反应"是有益处的。

换句话说，基因并不决定命运。男性的思维模式和所习得的性别角色对我们的行为方式起着重要作用。禁锢的男性气质对应的思维模式和角色对人类来说并不总是标准，但它们在过去几千年的时间里塑造了一段男性占主导地位的历史。这段历史的特点是攻击性、竞争性、分离性和情感抑制。

衡量禁锢的男性气质

全然批判禁锢的男性气质是错误的。诸如征服者的形象、坚韧不拔的精神和对物质领域的关注等，这些要素结合在一起，共同引领男性走向探索、独创，并在运动竞技上取得突破。禁锢的男性探索了地球的各个角落，建造了大教堂，突破了人类体能的极限，他们在这个过程中往往历经千辛万苦。供养者和保护者的角色塑造了骑士和绅士等仁慈的角色，以及荣誉、勇气和美德等相关的价值观。在禁锢的男性气质影响下，男人们捐献了生命和身躯，来勇敢地作斗争。

禁锢的男性气质的另一个积极方面是，它是对削弱个体的意识形态的一种平衡。独立自主和个人野心也催生了艺术表达方面的巨大进步，并促进了技术和物质的进步。

但即便如此，禁锢的男性气质从来都不是作为一个男人的理

重塑男性气质
拥抱更有同理心与联结的世界

想方式。从古至今，从佛陀到耶稣，从甘地到马丁·路德·金，这些有智慧的灵魂，更不用说许多有远见的女性，他们都挑战了攻击性、物质主义和自我中心的信条。艺术家和诗人质疑禁锢的男性气质的局限性并表达了一些男性的痛苦，即他们的生活被这种约束性的男性特质所定义。许多男性和女性都勇敢地拒绝接受传统、狭隘的男性气质所规定的规范。

今天，禁锢的男性气质比以往任何时候都更受抨击。简而言之，禁锢的男性气质在21世纪是行不通的。禁锢的男性气质现在对男性作为个人、在我们的家庭和朋友圈中、在我们的组织中以及在我们的全球社会中的角色都造成了限制和损害。

大多数男性都知道，完全遵循传统的男性规则是不对的，而且有很大的局限性。不出意外的话，他们倾向于解放的男性气质是因为禁锢的男性气质在他们的生活中不起作用。比起社会大量教导的"应该成为的样子"，这些男性其实走出了更宽广的路。

当埃德·亚当斯被问及多年来他在治疗中和团体中与男性打交道的经历教会了他什么时，他的简短回答是："我发现男性能为他人付出的爱和牺牲简直令人肃然起敬。"

两位作者都相信男性的善良和人性。这就是为什么我们鼓励展望一种能够解放男性并释放他们全部潜能的男性气质。这也是为什么我们渴望帮助男人远离一种已经穷途末路的有限版本的男性气质。

第 1 章　过时且不健康：禁锢的男性气质

本章前面的本的故事说明了一个善良的人是如何体验到被禁锢的男性气质所限制的。通过如此认真地履行自己的供养者角色，本使自己摆脱了贫困，后来还阻止了他的家庭陷入贫困。他的孩子们从来不用像他那样穿打补丁的衣服。他们避免了去经受他曾在校园里遭受的羞辱。

然而，禁锢的男性气质规则并没有完全造福于本或他的家人。事实上，这些规则造成的持续性问题比它们阻止发生的问题还要多。对于那些陷入禁锢的男性气质的男人以及他们周围的人来说，这一点正变得越来越令人确信。

但还是有希望的。

我们现在知道，我们关于男性气质的许多狭隘观点可能是大家所共有的，但它们并不是固定不变的。我们可以改变。我们可以创造一个更加平等、合作和安全的世界。

现在，让我们来探索一种有助于建立这样一个世界的男性气质。

思考和行动

好奇心：问问自己，你认为禁锢的男性气质的哪些规则是有效的？找出一次事件或经历，在其中你受到了这种男性气质的影响。

勇气：你能对着镜子，承认禁锢的男性气质对你或者其他人造成的伤害吗？

同理心：你能原谅自己曾经受到禁锢的男性气质影响而作出的行为吗？你能更好地理解你生命中的某个以禁锢的男性气质为准则行事而伤害到你的男性吗？

联结：你生命中有没有某个人想与你沟通，但是你因为愤怒、恐惧或者其他的原因而避开了他？你现在能联系他吗？

承诺：你能保证在态度和行为上摒弃禁锢的男性气质吗？你能承诺会去挑战那些伤害他人的男性吗？

第2章

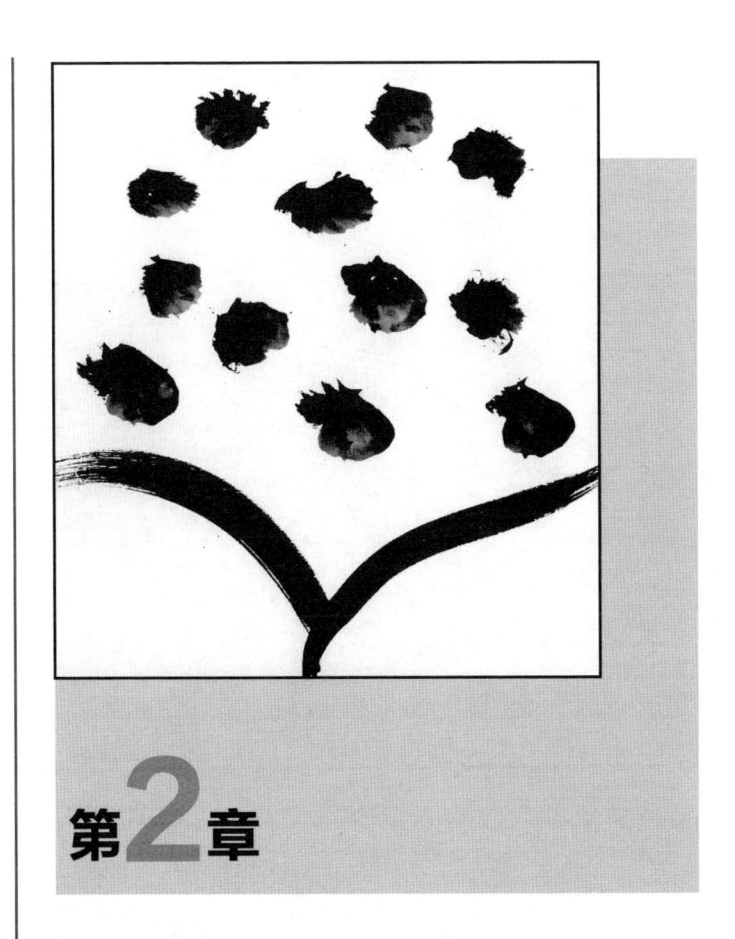

前进之路：解放的男性气质

第 2 章 前进之路：解放的男性气质

要想了解解放的男性气质，我们可以来认识一下杰夫。杰夫因婚姻问题深感苦恼。他开始接受本书作者之一埃德·亚当斯的心理治疗时，感觉自己的情绪就像"被橡皮软管击打"那样。杰夫正在寻找可以帮助他改变的指导，希望自己变得更能拥抱生活和爱。

即使在杰夫的婚姻结束了之后，他仍然认为，唯一可以让他感到安慰的是前妻给予的任何一点认可、善意或赞赏。他很难接受他的前妻是最后一个愿意安慰他的人这个事实。这种执着的需要引发了循环性的情感伤害，他似乎无法停止这种循环。

当杰夫的前妻再婚，并带着他们的两个孩子（分别为 5 岁和 12 岁）远走他乡时，他的痛苦变得更强烈了。

6 个月后，杰夫在一次会谈中声称："我要分享一些重要的信息。"他告诉埃德，他前妻的继任丈夫被诊断出患有第四期癌症（即处于癌症晚期）。当杰夫分享这件事时，他露出了一种不自觉但依稀可辨的幸灾乐祸的笑容。

"那笑容是什么意思？"埃德问道。杰夫很诚实地承认，当他知道自己不是唯一一个身处"伤痕累累的世界"中的人时，他感到了一种满足。

随后埃德进行了挑战："你告诉我，你想变得更开放、更富有爱心和同理心，但你却为某人被判处可怕的死刑而感到高兴。"经过进一步讨论，埃德敦促杰夫给他的前妻和她的丈夫写一封富有同理心的信，并在他们进行下一次会谈时将信带来。埃德解释说："这个写信练习将帮助我们探索你说的你所希望成为的那个更有爱心的男人和父亲。"

在他们下一次会谈开始时，埃德问杰夫是否带来了草拟的信。"没有，"他微笑着说，"但我确实带来了一份我已经寄出的信的副本。"

亲爱的玛丽和约翰：

我听说了那个令人心碎的诊断，这对你们来说一定极为痛苦。真的很遗憾这发生在你们的共同生活中。我们都值得过上充实而长寿的生活。虽然我无法改变你面临的医学现实，但我知道我可以帮助你们。

你们需要时间在一起，在你们参与所有必要的就医流程时，你们也需要确认孩子们是安全的。我会帮助照顾孩子们。我可以

第 2 章 前进之路：解放的男性气质

来找你们，或者孩子们也可以来找我。我会尽我所能在经济上提供帮助，无论是否事先通知，我都可以到场支持。此外，我会帮助孩子们应对和理解我们共同面对的困难。

我再次为你们面临的健康问题感到遗憾，希望最终一切都会好起来。我会给予你们最好的祝愿。

真诚的，

杰夫

流行文化与解放的男性气质

我们在流行文化中看到的故事往往是由典型的英雄之旅衍生出来的。正如学者约瑟夫·坎贝尔（Joseph Campbell）在他的经典作品《千面英雄》(*The Hero with a Thousand Faces*)中指出的那样，主人公通常会走一条冒险、斗争、转变和重聚的道路。不过，在这种神话框架之内，我们讲给自己的故事可能具有时代气息。英雄之旅的整体结构可能是稳定的，但他或她具体面对挑战的方式会随时代的价值观和社会条件而变化。

有迹象表明，今天的流行文化正在反映并强化从过时版本的男性气质转向更好、更新模式的男性气质这一转变。特别是，21世纪初广受欢迎的电影和电视节目类型发生了

> 变化，这表明社会正在从禁锢的男性气质转向解放的男性气质。
>
> 请看看之后的关于超级英雄和骑士的故事，看看男性气质是如何在流行文化中被重新塑造的。

杰夫信守了他的承诺。在他前妻的丈夫患病和早逝的整个过程中，他给予了源源不断的支持和安慰。他的支持也让他有更多的时间和孩子们在一起。当回顾这段时光时，杰夫很珍视他在那段充满压力的时间里所成为的那个样子。他相信这段经历是重要的黏合剂，使他可以继续与孩子们保持持久的联系。这种积极的结果得以成为可能，是因为杰夫将他自私的情感转化为了对他人的善行。

杰夫的故事体现了一个男人从禁锢的男性气质走向解放的男性气质的历程。他超越了以自我为中心、心胸狭窄、苦涩怨恨，变得心胸宽广、富有同理心。他选择与人合作、保持联结，而不是在孤独中煎熬，这帮助他实现了愿望，成为一个重要且有参与感的父亲。

杰夫并不是唯一一个拥抱解放的男性气质，并通过回应他人的需要从而找到自由和成功的人。在本章中，我们会通过阐明以这种方式成为一个男性所具有的信念、行为和结果，来描述我们所说的"解放的男性气质"的含义。

第 2 章 前进之路：解放的男性气质

为何需要"解放的男性气质"？

正如我们前面讨论禁锢的男性气质时所提到的，我们选择"禁锢"和"解放"这两个词，部分是因为它们植根于精神病学家森田正马所做的工作。森田的"扩展的自我"概念涵盖了对他人需要的觉察和"导向服务"的行为。我们选择修改森田的术语，使用"解放"（liberating）而不是"扩展"（extended）。我们认为，"解放的男性气质"更好地传递了这种男性气质是如何从禁锢的男性气质所强加的限制中解脱出来的。僵化地服从传统的"男性规则"，实际上是对男性的囚禁。解放的男性气质说明了这种非传统的方式如何将男性从有时被称为"男性盒子"（man box）的处境中解放出来。

我们还认为，"解放"一词比"扩展"更能说明以"我和我们"视角为中心的男性气质关乎两方面的自由。解放的男性气质可以将男性从被束缚的生活中解救出来。与此同时，这种男性气质召唤他帮助他人过上更自由、更充实和更有意义的生活。

尤其是第二种意义上的解放，与森田关于扩展的自我的观点相吻合。我们经常谈论解放的男性气质，因为这涉及使男性扩展自我觉察，从而变得更加关注他人的福祉和需求。解放的男性气质从根本上说是朝着多个方向的扩展和发展。这包括向外接触，以链接、理解和帮助他人，提升个人的意识，以及理解一个更加复杂、相互依存的世界。它也包含了"向下生长"，即在个人道德和自我觉察的坚实基础上深深扎根。

向下生长是一种"内在"的扩展。也就是说，解放的男性气质不仅让男性能够以新的方式对外表达自己，也使他们能够享受更丰富的内在生活。这与禁锢的男性气质所展现的沉迷自我大为不同，后者主要聚焦于获得基础欲望的满足，如性满足、社会地位和可观的收入等。对于解放的男性来说，内在成长关系到更广的自我认识，包括对自己的欲望、自己的独特道路以及与所有生命的根本联系的高度觉知。这种"向下和向内"的成长带来了更强的根基感、归属感和意义感。它激活了男性的不同层面。

我们还选择为"解放"加上"-ing"的后缀，以表达这一男性气质的动态本质。"解放的男性气质"有其定义和明确的特征。然而，它也使男性能够通过感知和响应他所处的不断变化的环境而不断地发展。禁锢的男性气质往往是固化和受限的，与之对比，解放的男性气质是开放的，更具流动性，能更自由地去适应、改变和变得成熟。

定义解放的男性气质

解放的男性气质是一种灵活的男性气质，它为持续成长提供了空间。它引导一个男人走向连续谱系中和禁锢的男性气质相反的另一端。解放的男性气质可以让男性扮演更多不同的角色。除了丰富男性可以成为"什么样"，解放的男性气质也为"怎么做""在哪里"以及"为了谁"的问题提供了更多选择空间。

第 2 章 前进之路：解放的男性气质

涉及男性可以承担的角色，解放的男性气质囊括了人类拥有的多种维度以及可供男性使用的诸多原型。其中包括禁锢的男性气质的核心选项：供养者、保护者和征服者。但它也使男性能够扮演更多的角色，包括但不限于爱人、圣人、艺术家、冒险家、治疗师和小男孩。

为了弄清楚这些角色是如何共存和协作的，请尝试以下思想实验。

想象有一张大圆桌。你自身的供养者、保护者和征服者的维度作为个人顾问委员会成员与你坐在一起。现在，让我们想象一下，你想和你的朋友或伴侣共度周末。你从供养者和保护者的视角来审核这个想法。几秒之内，这个想法就被驳回了，你会听到自己在思考损失。你的评价和消极的内在声音会欣然提出反对意见，意见主要针对要花费的时间和金钱，以及一些即将到截止日期、需要你全神贯注处理的工作项目。这趟愉快的旅程就这样泡汤了。

现在，重新想象这个场景，此刻有更多的顾问。圆桌上有你的国王、梦想家、仁慈的战士、艺术家、治疗师、爱人、诗人、魔术师、政治家、冒险家、圣人和喜剧自我。同时在场的还有你的小男孩。我们也不要忘记我们对其他人隐藏的阴影部分，比如你的破坏者和愤怒的战士。尊重各种原型或自我的各个方面，会使决策过程变得非常不同，并可能带来令人惊讶的结果。

冒险家为这趟旅行作计划，仁慈的战士则想办法准备旅行费

重塑男性气质
拥抱更有同理心与联结的世界

用,治疗师提醒你有必要腾出时间抛开工作,而爱人角色也同意你和你的伴侣"需要远离这一切"并重新建立浪漫关系,等等。

扩展的超级英雄形象

20世纪盛产超级英雄的电影和电视剧,它们往往包含有限的男性样本。它们专注于像蝙蝠侠和超人这样的个人英雄形象。在谈到真实情感时,蝙蝠侠和钢铁侠就变得少言寡语,有时还很滑稽。但近几十年来,这一题材的作品已朝着合作、表达的方向发展。

备受欢迎的系列电影《复仇者联盟》(*The Avengers*)就是这种转变的缩影。像美国队长、黑寡妇和钢铁侠这样的个人英雄联合起来,相互借力。男性复仇者也因为能与女性英雄共享权力以及他们自身所具有的敏感性而变得出色。他们展现出浪漫的情感和父母般的柔情——在美国队长的例子中,他们甚至进行了哀伤咨询的会谈。

今天的超级英雄们可能和以往一样强壮有力,但他们的男性气质已经得到扩展。银河守护者们现在愿意合作并卸下他们的情感防备,这表明他们不但是英雄,而且也是完完全全的人类。

第2章 前进之路：解放的男性气质

当我们作出重要的人生决定时，若只从我们自身有限维度的视角来审视，那么我们得出的结论也是局限的。当我们无法关注到更全面的维度时，我们就有可能变得迂腐。我们可能认为自己很幸福，但我们周围的人会看到我们实际上有多么受困。当我们认识、欣赏并调动我们的复杂性时，我们也就扩展和解放了我们的男性身份。

本书合著者埃德·亚当斯在他作为治疗师的工作中经常发现，抑郁的男性往往会限制自己的维度——这往往是因为他们没有意识到它的存在。这种抑郁可能正在揭示他们对未曾有过的生活的强烈渴望，以及对更强满足感的渴望。例如，一个曾遭受背叛的男人内心的爱人角色会渴望一段深度信任的关系。或者说，一个工作不尽如人意的男人想要一份能激发他冒险精神的职业。

男人们终其一生都希望找到满足感，却忽视了他们未曾有过的生活。这就是上一章中描述的本开始认识到的自己。他是一个抑郁之人，无法听到自己内心的声音正在恳求他真正地"活一次"。

实际上，本对自身的复杂性熟视无睹，无视自己更深层的欲望。他在感知自己内心生活的丰富层次方面非常迟钝。他对自我的想象被斩断了，或者说并不存在——除非某样东西能先存在于想象中，否则你无法使它变成现实。然而，当某些层面被忽略时，它们最终还是会反抗，要求得到表达。

在本的例子中，他的身体、思想和灵魂都希望他关注到自身的复杂性，从而过上更广阔、更深刻、更有意义的生活，当然也包括一个有更多积极影响的生活。不这么做可能会导致严重的忧愁、抑郁、失败的婚姻等症状或危害——它们不仅仅是因为男人内在的混乱。那些在禁锢的男性身边的人也会遭受痛苦。例如，本的妻子渴望着被本的"爱人"原型所追求和爱慕。

更多的方法和途径

因此，解放的男性气质允许一个男人体现出更多的维度和原型。它还使他能够以更具创造性的方式、在更多的领域，并为更广泛的人和生物群体扮演这些角色。

当谈到如何做，谈到男性可用的策略和行为时，一个解放的男人对于禁锢的男性气质的做法（它的重点是竞争、血气之勇、自信和成就）是感到自在的，但是他并不会满足于此。解放的男性气质在其基础上还增加了各种行为方式，包括好奇心、挑战自身信念的勇气、同理心、联结和对个人成长的承诺。解放的男性气质使男性能够勇敢地面对对手，但他也明白，对抗性姿态并不是他唯一的选择。他拥有更好的能力去了解他人、共情他人并进行合作。

同样地，解放的男性气质包含并超越了禁锢的男性气质发挥作用的领域。一个解放的男性以身体和智力的强大、性满足、收入稳定以及受到社会尊重为目标。他也可以自由而充满勇气地探索情感和心理领域。他能够追随自己灵魂的渴望。他体验和交流

第 2 章 前进之路：解放的男性气质

感受、直觉和精神世界的能力并不妨碍他在性、身体、财富和社会地位等方面的表现。解放的男性气质反而释放并激励了他在性生活、身体、工作以及与更广泛社会的关系中拥抱更高与更深层次的体验。

最后，解放的男性气质扩大了他所关心的人的范围。他的关注圈始于他自己、他的核心家庭，以及可能和他具有相同特征的有限群体，这些是一个禁锢的男性会对其付出情感和忠诚的群体。解放的男性气质将一个男人的关切不断地向外扩展，以涵盖所有背景的人。事实上，一个解放的男人会理解将他所体验到的生活的自由和丰富扩展到其他人身上的价值。他赞同马丁·路德·金的观点："在我们所有人都自由之前，没有人是自由的。"同样，一个解放的男人开始珍视地球上所有的生命，并理解所有生命都值得尊重。对他来说，所有人类组成了一个大家庭，我们必须作为负责任的管家来管理这个作为我们家园的活力星球。

建立良性联结

解放的男性气质是良性和关系性的。说它良性，是因为它坚信积极行动对自己和他人都是有益的；说它关系性，是因为它认识到万事万物都是相互关联的。

解放的男性气质所遵循的核心信念既古老又新颖。例如，它仍然将男性视为战士，但现在敌人已不是其他人，而是仇恨和分裂。男性仍然拥有力量，但他们用这种能量创造和谐与平等。此外，男性的影响力被用在了制定能够减轻痛苦和保护我们的环境的战略上。男性不仅通过经济支持，还通过与他们所爱的人保持情感联结来提供帮助。并且，男人不再带着责备、愤怒、恐惧、羞辱和暴力来解决艰难的个人和全球性问题。解放的男性气质是一种承认我们自己和他人的悲伤、痛苦和煎熬的男性气质。它为我们的男性气质的阴暗面承担责任，并尽力减轻其影响。解放的男性气质是根植于灵魂的：它将男性气质与生命的神圣性以及服务他人重新建立联系。

摒弃禁锢的男性气质

21世纪流行文化的一个显著特征是日益增长的复杂性。复杂的故事情节和无法完全归类为"好人"或"坏人"的人物角色一直是《黑道家族》(*The Sopranos*)、《绝命毒师》(*Breaking Bad*)和《火线》(*The Wire*)等大热电视剧的核心。事实上，这些来自"电视的黄金时代"的节目打破了禁锢的男性气质所具有的简单化、"我们对阵他们"、黑白分明的思维。它们还引入了一些曾经被认为对于持有传统男性气质观念的男性来说是禁忌的话题，比如《黑道家族》里托尼·瑟普拉诺（Tony Soprano）所经历的精神

第 2 章　前进之路：解放的男性气质

健康问题。

《权力的游戏》(Game of Thrones）可以说是 21 世纪早期最受欢迎的电视剧之一，它刻画了在道德上很微妙的角色以及男性身份的新范式。这部中世纪奇幻剧的结局尤其表明，在我们的文化意识中，解放的男性气质正在崛起。主要的男主角琼恩·雪诺（Jon Snow）为了阻止一个残暴的统治者夺取铁王座，作出了令人心碎的牺牲。他没有自己夺取权力，而是选择了为人服务的一生。最终，一个智慧、无我、身体残疾的年轻人被选为领导人。他得到了一个委员会的辅助，该委员会由一名女性战士和一些不符合英雄刻板印象的男性角色组成。

从禁锢的男性气质发展到解放的男性气质，这本身就是一次英雄之旅。因此，一些对什么是"真正的男人"持有舒适但过时观念的男性会经历创伤，甚至是退行，这并不令人惊讶。然而，大众文化正在推动这一转变。它反映了一种新版本的男性气质的出现。它正在通过故事塑造新一代的男性，这些故事告诉我们，作为一个男人，我们可以有比过去在屏幕上看到的形象更多的内涵。

解放的男性气质是一种以关系为中心的男性气质，采纳"我和我们"的视角。它超越了在禁锢的男性气质中所看到的自私固执的"我"这一焦点。在解放的男性气质中，我们将同理心和联结置于基本男性特质的中心。正因如此，男孩和男人被视为保护和培育我们核心价值观的守卫者和管理员。随着对这种男性气质的憧憬融入我们的文化,社会将开始期待不断扩展自我的男性以良性和关系性的方式使用自己的力量和勇气。

内森从抑郁中获得解放

让我们来看埃德·亚当斯的病人内森的故事。内森和妻子决定分居,并讨论离婚。内森突然感到很孤独,在他的生活中感受到一种独特的情绪——抑郁。最后,他开始接受心理治疗,想要寻找"某种方法来逃离我的黑洞"。

在他们的第6次治疗结束时,埃德给内森布置了家庭作业。"我想请你在探视时间带一打玫瑰去医院,"埃德告诉内森,"给任何没有人拜访的病人送一朵玫瑰,并祝他们健康。"这项任务引发了内森的焦虑,所以他推迟了几周才去做。但当他最终完成时,他打电话给埃德表示感谢。

"为了什么?"埃德问道。内森回答说:"我送出的每一朵玫瑰,以及它带来的每一个微笑,都让我精神振奋。我决定不再自怨自艾了。实际上我让别人感到快乐。这项任务消除了我的抑郁。"

内森以一种富有同理心、善良和彼此相连的方式到医院拜访,这个过程让他个人的心理发生了转变。他的行动使他的视角从"我"转变为"我和我们"。后来,内森将这段经历称为"玫瑰

第2章 前进之路：解放的男性气质

开启了我的抑郁症治愈之旅"。

正如内森所做的那样，一个解放的男人会直面自己的恐惧，而不是逃避恐惧。他愿意去感受强烈的情感，投身于艰难的任务和对话。他愿意爱和被爱。他对敬畏和好奇持开放态度，同时仍然知道痛苦和折磨是所有生命所固有的。他明白同理心和联结是符合男子气概的。

森田疗法的治疗师和教育家布莱恩·小川（Brian Ogawa）主张，"扩展的自我"（我们称之为"解放的男性气质"）并不会否认我们自己的生命力量，实际上反而是找到它们的一种方式。自我可以在我们的关系中以及对他人的关注和服务中找到。

当一个人以"我和我们"为导向时，他会理解，所有其他人的需要和体验都是合理的，与他自己的需要和体验一样重要。因此，他可以融入任何空间，明白他不是那里最重要的人。他知道自己的行为和无为所产生的影响是超出自身的。他对女性的尊严不构成威胁。他在情感上慷慨宽厚，不惧怕亲密和多样性。

也许最重要的是，解放的男性气质不害怕去爱。

"我"怎么办？

然而我们要明确一点：多关心他人并不意味着会减少对自己的关心。每个人都很重要，为自己的生活负责是必要的。解放的

重塑男性气质
拥抱更有同理心与联结的世界

男性保持着一种能动性，并对自己的内心生活充满好奇。了解和追求自己的需要、梦想和欲望是一种自然而有益的权利。保护和照顾我们最关心的人是正常的。事实上，正是在这些亲密的家庭和朋友关系中，以"我"为导向的男性学习并成长为以"我和我们"为导向的男性。一个男人积极地追寻更好的自己，或者寻求世俗的乐趣，比如一辆新车、一个位列愿望清单上的假期，或者一个安全舒适的家，这并没有错。

当我们忽视了生命之间的相互联系，或者当他人的需求被拒绝或忽略时，"我"思维就会成为一个问题。如果我们表现得好像我们的需要、安全和愿望比其他人的更重要，那么用佛教的术语来说，我们就是"我爱"，而不是珍爱他人。

"顽强的个人"这样的男性幻想让人很容易忘记我们是彼此依赖的。我们昨天吃的饭是动植物献出生命来养活我们的生命的结果。每一顿饭都涉及农民、加工商、卡车司机、杂货店工人、厨师和其他无数愿意工作的人，他们支撑着我们的生活，同时也为他们自己和其他人提供资源。你的阅读能力要归功于那些教会你如何阅读的人。当以自我为中心的决定占据主导地位时，好的事情就不太可能发生。

如果要为这句话提供证据，我们建议你观看或收听当天的新闻，然后问自己，那个男人或女人的举止是否合乎道德？那个故事反映了同理心还是自我沉迷？通过这个练习，你很可能会发现，"禁锢"和"解放"之间的差异很快就会显而易见。没有哪个解

第 2 章　前进之路：解放的男性气质

放的男人会走进沃尔玛，射杀看到的每个人；没有哪个解放的男人会以煽动仇恨、分裂和对他人的刻薄为荣；没有哪个生活中奉行解放的男性气质的男人会利用自己的地位和权力来征服或虐待他人，他也不会惧怕其他和他不同的人。

陌生人之间的距离

在飞往某地的航班上，两个陌生人座位相邻。一名乘客坐在靠窗的座位上，另一名乘客则坐在靠过道的座位上。在每个座位之间，都有一个设计舒适的可移动的扶手，为两者划分了清晰的界限。如果扶手能开口说话的话，它会说"请勿进入"。毫无疑问，这条信息被理解了，因为两名乘客都没有试图侵扰对方。

当飞机接近最终着陆点时，一股强烈而持续的扰动气流让这架巨大的飞机遭遇了严重颠簸。飞机上每个人都吓坏了。每个人都面临着死亡。在这样一个充满人性的时刻，靠窗座位的乘客伸出手紧紧抓住旁边陌生旅客的手。突然间，扶手成了一种阻碍，边界变得毫无意义。对于人类接触的需要取代了传统规则。在那个接触变得最为重要的时刻，独自煎熬似乎很愚蠢。

这让我产生了疑惑。我被扶手裹挟了吗？我要依靠颠簸来证明亲密接触的合理性吗？情感断联正在扼杀我的灵魂吗？

让我们再看看上一章中的本。本陷入了"我"的思维循环。他的关注焦点是将自己短视地看作供养者和保护者。

但最终，本发现他作为供养者和保护者的身份产生了一种矛盾的效果。他希望自己的供养和保护行为能得到感激，但他却遭遇了情感上的断裂，从而产生了疏离和怨恨的感觉。而一旦本开始拓展自己的内在维度，变得更加以"我们"为导向时，他的家人很开心地进行了回应，因为他终于给了他们爱与关注。本的妻子对他总结道："我感觉又和你结了一次婚。"

有毒的男性气质和解放的男性

"我们"的思维是对有毒的男性气质的严重背离。"有毒的男性气质"认为，"真正的男人"必须压抑情感、否认感到受伤或痛苦。一个有毒的男人决心展现他是多么"坚强"和无懈可击。而有毒的男性气质维护了暴力和羞辱行为的正当性，认为它们展示了权力和优势。

我们相信大多数男性都不屑于这种有毒的理念。这个词让男性感到羞耻。男性正在寻求被允许不带羞耻地去表达"我和我们"这一男性气质模式。许多男性在帮助他人以及感受强烈情感的过程中找到了深切的满足感。男性希望将同理心和联结重新纳入男性精神之中。诗人赖内·马利亚·里尔克（Rainer Marie Rilke）

第 2 章　前进之路：解放的男性气质

对我们提出"成为世界"的挑战。他的意思是，我们都在划同一条船，所以我们任何人的作为或不作为都会影响其他人。解放的男性会想象并帮助创建一个兼顾到船上每一个人的和谐运作的世界。简而言之，并不是男性有毒，而是生活在禁锢的男性气质中的男性会产生毒性。解放的男性气质则是一剂灵丹妙药，能治愈男性和他们周围的人。

男性指导男性

其中一个我们见证的解放的男性气质发挥作用的地方是"男性指导男性"小组，由本书作者之一埃德·亚当斯创建。在此，他分享了这个故事。

30 年前，我成立了一个男性治疗小组，旨在建立联结并通过我们的男性视角来探索生命议题。4 位勇敢的男士参与了第一次会谈。我提出了我们唯一要遵循的一条规则：任何人都不羞辱其他人。我采用这条规则是因为我曾目睹了羞耻感在许多男性身上的侵蚀力量，它让男性变得封闭。我解释说，为了探索和分享我们的情感和共同经历，我们必须在情感上感到安全。也就是说，我们必须有足够的安全感，让自己在彼此面前展现脆弱。羞耻感会阻碍或扼杀心理上的安全感。我们需要倾听、反思、询问、好奇、质疑和感受。我们参与创建一种文化，它鼓励从占主导的"我"视角转向扩展的"我和我们"视角。我告诉这些男士，我

重塑男性气质
拥抱更有同理心与联结的世界

们是实验的一部分，来看看这种文化是否可以实现。

在过去的30年里，这个由4位男士组成的小组已经发展成为一个非营利组织，名为"男性指导男性"或"M3"。如今，M3有5个持续进行中的小组和超过100名活跃的男性成员，他们拥有不同年龄、信仰、种族和性取向。M3直接和间接地影响了无数男性及他们所爱的女性和孩子的生活。30年后，M3不再是一个实验，因为成果已经显现了。它是有效的。

如果有机会深入了解彼此的人生体验，男性会在其他男性的陪伴下找到安全、舒适和慰藉。新成员通常是带着怀疑和恐惧开始M3的体验的。参与M3需要勇气。我经常惊讶于男士们的能力，他们能够达到或超越团体的期望，在情感上变得开放和脆弱，同时也保护好情感上的安全感。我看到男士们展现出他们的勇气，按照他们的同理心行事，所作的决定带有对他人产生积极影响的明确意图。随着这一转变的发生，许多男士报告说，他们感到更快乐、更健康、更亲密。但受益的不仅仅是男士们。他们的配偶、伴侣、子女、朋友和同事也从这种由解放的男性气质带来的更深入、更密切的生活中受益。

许多针对男性的支持小组，比如"男性指导男性"小组，它们的巨大力量在于帮助参与者的视角从"我"转变为"我和我们"。如前所述，解放的男性因为发展出对他人的同理心和联结感而变得更受目的驱动。正如大多数退伍军人所知，战斗中的主要任务是确保你的同伴能够生存下来。埃德·亚当斯的父亲是一名曾在

66

瓜达尔卡纳尔岛作战的老兵。他告诉埃德,每个人都很害怕和痛苦,但为了生存,每个人必须照顾其他人。这是一种"人人为我,我为人人"的思维方式。"在那片丛林中,我们唯有彼此可以依靠。"他说。

最好的药物

　　杰瑞成为 M3 的成员已有 5 年了。他意外地被诊断出患有睾丸癌,几天内就需要手术。他当然感到很害怕,但他并不孤单。许多男人遇到这种情况时不会告诉任何人,而是选择独自忍受。但杰瑞并没有隐瞒他的诊断结果,他的情况很快在 M3 社群中传开了。而后,在杰瑞入院的前一天晚上,埃德·亚当斯召开了一次紧急会面,让成员们来安慰和支持他。在很短的时间内,17 位非常忙碌的男士与杰瑞见了面,和他建立联结并倾听他流着泪诉说恐惧。

　　手术成功后,在他整个化疗过程中,杰瑞一直与 M3 的成员们联系着,并得到了他们的鼓励和关爱。如今,杰瑞的癌症已经痊愈了,他对医学的奇迹充满感激。但杰瑞坚持认为,正是从那些男士们那里获得的希望和安慰给了他胜利的力量和意志。"我回过头来很想知道,如果没有 M3 的支持,我是否还会有同样的结果,"杰瑞怀着由衷的

> 感激告诉他的小组成员,"我为那些独自经历困难时期的男人感到难过。我知道这一点,是因为我在化疗时,身边常常坐着非常悲伤和孤独的男人。"
>
> 杰瑞与癌症擦肩而过的经历给他带来了一个重要的益处——由于这次经历,杰瑞致力于给他人带去希望。他为其他在生活中面临困难挑战的男性提供了同理心和支持。今天,杰瑞相信同理心和联结是最好的药物——无论对于给予者,还是对于获得者来说。

从禁锢的男性气质转向解放的男性气质并不容易。人们在改变的过程中会产生恐惧和困惑。现在我们还缺乏坚定的方向和领导力来引导男性,允许他们重塑自己的男性气质,使他们以现代化的方式去成为一个男人。

尽管如此,这种重塑正在进行中。在全球范围内,男性在女性的支持下,正在更新他们的信念和行为,以适应我们的时代。

思考和行动

好奇心：从最低的 1 分到最高的 10 分，你在禁锢和解放的男性气质之间的连续谱系中处于什么位置？

勇气：想一想你生活中遇到的一个有勇气表达脆弱的男人。你在见证他的勇气时有何感受？你会因为他敞开心扉而觉得他不够男人吗？

同理心：想一想在某个你需要同理心的时刻，一个男人给予了你同理心的关怀。当时发生了什么？你感觉如何？这是一种安慰吗？

联结：是什么阻碍了你与他人建立深厚而重要的情感联结？是否有任何的信念或恐惧阻碍了你？

承诺：下定决心并在你的家庭和工作中推广"我和我们"的做法。你是否能养成一种习惯，既考虑别人的需要，同时也考虑自己的需要？

第3章

从这里开始重塑男性气质：
5个C的联合力量

第 3 章　从这里开始重塑男性气质：5 个 C 的联合力量

你如何迈向解放的男性气质？一个男人如何重塑自己的男性气质，从而能够去体验同理心和联结所蕴含的解放力量，并从中受益？

书籍和其他的指导可以提供帮助。它们的范围可以从自助指南到鼓舞人心的回忆录、小说和电影。

你也可以想一想你生活中所敬仰的人。是哪些品质让他们成为好朋友、好配偶、好父亲、好同事、好公民？他们是如何表现的，特别是在困难的情况下？或者，想想传说中优秀的男性，以及使他们成为标志性榜样的那些特质。

这些"模范的男性"都致力于践行善良、仁慈，并将人类视为一个相互关联的大家庭。他们帮助铺平了一条通往解放的男性气质的道路，而这种解放的男性气质在我们这个时代正在浮现，且极为重要。

今天，你如何走这条道路？

通往解放的男性气质的道路涉及 5 个方面关键的做法，我们称之为 "5 个 C"。它们是好奇心（Curiosity）、勇气（Courage）、同理心（Compassion）、联结（Connection）和承诺（Commitment）。

我们相信，全体男性都可以通过实践这 5 个 C 来迈向解放的男性气质。然而，这是一个终生的追求，一场永远不会结束的旅程。总是有空间让我们成长得更深、走得更远、学得更多、爱得更多。

当男性将这 5 个 C 中的每一个都融入他们的生活时，当他们把这些做法变成一种习惯时，禁锢的男性气质带来的约束就会消失。这些男性就冲破了过时的男性规则的牢笼，开始过上更充实、更有效、更令人满意的生活。

在本章中，我们将逐一讨论这 5 个 C，并提供支持每种做法的具体练习。

好奇心

男性常常会提供答案，但不重视去提出关键的问题。好奇心是第一个 C。它是指在好奇心的驱动下，提出重要、富有挑战性和探索性的问题，包括那些可能会让我们感到不舒服的问题。这

第 3 章 从这里开始重塑男性气质：5 个 C 的联合力量

里有一些例子：

- ▶ 我想成为什么样的男人？

- ▶ 我对其他人有什么样的责任？对生命本身呢？

- ▶ 我成长过程中的男性规则是如何塑造了并且有可能限制了我的生活的？

另一个例子：在开车时问路。

你可能会对自己说，甚至开玩笑地说："真男人不问路！"顽固的迷路男人的刻板印象解释了为什么生活在禁锢的男性气质之中的男人很难有真正的好奇心。这种男性气质提醒我们不要寻求帮助，也不要显示出我们并没有全部的答案，以此来避免感到羞耻或无能。我们被教导要努力成为"房间里最聪明的人"，并做到完全依靠自己。

为了摆脱禁锢的男性气质的束缚，我们需要尊重和实践好奇心。男性需要提出存在性问题，关注那些他们通常不会探索的地方。我们需要挑战刻板印象，不要认为"就是这样的"而接受传统的男性角色。通过这样做，我们就能了解到，我们可以对自己和他人有更深的认识，并了解我们如何影响他人。

以埃德的另一位来访者为例。我们叫他迈克尔。他是在婚姻出现危机时来找埃德的——他的妻子有了外遇。这种不忠行为对迈克尔来说特别痛苦，因为这是他第二次经历这样的背叛。早前

重塑男性气质
拥抱更有同理心与联结的世界

的一个长期伴侣也曾对他不忠。

对迈克尔来说，将他的遭遇归咎于两个女人是很容易的。毕竟，我们禁锢的男性气质文化将女性勾勒为不可信赖的，甚至在情感上是危险的。这种禁锢的架构还将那些遭遇妻子背叛的男性定义为"戴绿帽子"的男人，缺乏男子气概，是个笑柄。但迈克尔并没有采用扮演受害者的简单方式，也没有诉诸自我伤害式的羞耻。相反，他对自己在这种模式中所扮演的角色感到好奇。"我是怎么了，让女人们都想背叛我？"他问埃德，"我做了什么或者没做什么，才会让我的妻子喜欢出轨？"

这些都是困难的问题，可以实现个人层面的真正成长。但这种成长也可以发生在工作领域。组织机构环境中的一个有关好奇心的好例子来自吉姆·韦德尔（Jim Weddle），他是金融服务公司爱德华·琼斯（Edward Jones）的前首席执行官。

几年前，当韦德尔还担任爱德华·琼斯的管理合伙人时，他拜访了一群分支机构的管理人员。这些人负责协调公司附近办事处的运作，并为客户提供一线服务。

其中一名员工告诉韦德尔，她办事处的财务顾问经常去参加区域培训活动，回来时就会提出管理人员应该采纳的新想法。

这名管理人员停顿了一下，然后她告诉韦德尔："如果这不是我想做的事，也不是我的主意，那它就行不通。"

第 3 章　从这里开始重塑男性气质：5 个 C 的联合力量

许多首席执行官会将她的说法视为不服从命令。他们甚至可能解雇了她。但韦德尔没有。相反，他和他的团队把这当作一次对他们的培训理念产生好奇的机会。他们决定扩展公司外活动的范围，让分支机构的管理人员也能参与进来，比如那位发表意见的女士。

从某种意义上说，这是一个小小的转变，但它代表了对于禁锢的男性气质思维方式的巨大跨越。那个版本的男性气质倾向于将批判性反馈视为需要阻止或回避的东西，因为承认缺陷或缺乏知识就意味着软弱。而韦德尔承认培训系统可以改进，并考虑如何使其更好，这实际上是让他自己变得脆弱。

好奇心是所有人都能获得的东西，是我们共同人性的一部分。我们天生就是好奇的生物。作为孩子，作为男孩，我们想知道：为什么天空是蓝色的？是什么让树木生长？飞机是如何飞行的？为什么我们的父亲会这样做？

不幸的是，到了我们成年的时候，许多这样的惊讶已经从我们的体系中消失了。我们变得害怕问出一个"愚蠢的问题"。禁锢的男性气质让事情变得更糟，因为它强调知而不是学，强调回答而不是提问，强调权威而不是调查。

埃德·亚当斯的妻子梅若李·亚当斯（Marilee Adams）对此有重要见解。她是《改变提问，改变人生》(*Change Your Questions, Change Your Life*) 一书的作者。梅若李指出，在任何时候，人们都有一个基本的选择——采用"评判者"思维还是"学习者"

思维。当我们从"评判者"的视角出发时，我们会问这样的问题："是谁的错？""我有什么问题？""他们有什么问题？"这种被动反应式、责备式、输赢式的态度直接来自禁锢的男性气质的处事方式，它会导致冷漠、自我厌恶和对他人的消极态度。

但如果我们选择成为"学习者"，我们的问题就会包括："事实是什么？""我作出的假设是什么？""其他人的想法、感受和需求是什么？""什么是可能的？""现在做什么是最好的？"这种更为深思熟虑的方式设想出的解决方案，让每个人都能有所发现、成长和成功。这是迈克尔试图修复婚姻时所采取的途径。这也是吉姆·韦德尔面对员工挑战时所选择的道路。韦德尔倾听、扩展他的观点，最终使他的组织变得对每个人来说都更好。

勇气

正如上节所述，勇气在好奇心中起着至关重要的作用，但这里指的并不是传统男子气概的勇气。

男人们从小就知道我们应该勇敢：时刻准备好冲进着火的大楼；愿意在一项可能给我们带来财富或让我们破产的商业冒险中下巨大的赌注；准备着为国家献出我们的生命。与这种牺牲相关的是这样一种传统，即男性要采取一种能展现道德勇气的姿态，例如为公民权利抗争或替在工作中受到不公平对待的同事发声。虽然这类勇气是可敬的，有时可能是必要的，

第 3 章 从这里开始重塑男性气质：5 个 C 的联合力量

但它们在范围上也是有限的，而且不是你每一天都会经历的事件。

第二个 C 是关于勇气的更广泛的应用和表达。这种勇气超越了身体、财务和道德的范畴。它包含了有勇气去面对自己和他人的痛苦、改变我们的信念，以及体验强烈的情感。这种勇气是坚毅地涉足深度自我反省的未知领域以及情感的世界——包括对他人的共情。它还包括好奇心和愿意放弃对完全的掌控感的需要，转而相信与他人合作和创造的可能性。

这些增加的英勇类型，这种个人的勇气，意味着从充满恐惧的蹲伏状态中站立起来，这种蹲伏状态是许多禁锢的男性深陷其中的。这是一个敢于张开双臂拥抱他人，且对他和他周围的人所感受到的喜悦、渴望和悲伤敞开心扉的男人。毕竟，"勇气"（courage）的词根是"cor"——拉丁语中的"心"。

这种对勇气的更宽泛的定义包含了情感上的勇气，为什么它对于迈向解放的男性气质很重要？因为男性要想摆脱禁锢的男性气质，就必须揭示和面对深层次的被动反应性的恐惧。恐惧在我们自己和其他人眼中不够好和没有男子气概。恐惧失去地位。恐惧信任他人，因为禁锢的男性往往以怀疑的眼光看待他人。直面这些恐惧，对于培养对自己更诚实的态度和与他人更紧密的联系至关重要。反过来，由此产生的真实性、更强的自我意识和牢固的纽带会使生活变得更有意义。它们对我们在人际关系和职业生涯中的成功也越来越重要，对我们日益萎缩的地球的福祉也是如此。

这种更广泛的勇气在行动中是什么样的呢？回想一下约翰，我们在引言中分享了他的故事。约翰感到深深的不快乐和孤独——他的婚姻已经变质，他的工作充满压力，酒精和性也被证明无所助益。但是，约翰并没有沉浸在他的痛苦中，而是选择在和埃德·亚当斯的心理治疗中深入探索自己的心灵。这很令人恐惧，但他放下戒备，以"让自我的真相浮现"。

当约翰敞开心扉时，他学会了信任埃德。当他允许自己变得脆弱时，他能够与其他男性建立关系。约翰意识到他并不孤单。他的韧性提高到了可以承受住离婚考验的程度，他的生活也得到了扩展，而这都要归功于他已经敢于去展现的个人情感上的勇气。

在著名的男性中也可以找到有关情感勇气的震撼人心的例子。以演员布拉德·皮特（Brad Pitt）为例。皮特在多部电影中塑造了极为男性化的男性角色，包括1999年的电影《搏击俱乐部》（Fight Club）中的大男子主义形象，他是爱德华·诺顿（Edward Norton）饰演的温文尔雅的男主角的另一个人格。

皮特自己对男性气质的看法与禁锢的男性气质所描绘的形象有许多共同之处。皮特在接受《纽约时报》（The New York Times）采访时说："我是在那种被要求要有能力、要坚强、不能示弱的氛围中长大的。"

然而，这种男性气质在现实生活中似乎并不适合皮特。他与

第3章 从这里开始重塑男性气质：5个C的联合力量

女演员安吉丽娜·朱莉（Angelina Jolie）的婚姻破裂了，据报道这与他的酗酒问题有关。皮特随后花了一年半时间参加匿名戒酒协会，这是一个完全由男性组成的康复小组。正如约翰在M3小组中找到了慰藉和友情一样，皮特同样在男性小组中收获了很多。

皮特与其他男性分享了自己的许多事情，他们也很尊重他的信任。小组中没有人把皮特的故事告诉八卦小报——那会给他们带来很多报酬。

"小组中的男人围坐在一起，以一种我从未听说过的方式坦诚相待。"皮特告诉《纽约时报》，"实际上，暴露自己丑陋的一面，真的让人感觉是一种解脱。"

在《纽约时报》的人物简介中，皮特审视了传统、禁锢的男性气质。虽然他感激其对于能力和自给自足的关注，但他也指出了它重大的局限性。

"我很感激曾被如此强调要变得有能力，而且要谦虚地依靠自己做事情，但这里面缺乏的是对自我的审视。"他说，"这几乎否认了属于你的另一部分，它是软弱的，会经历自我怀疑，尽管这些是我们所有人都经历过的、根植于人性的部分。当然，我相信，在你识别并接纳这些东西之前，你是无法真正了解自己的。"

皮特在匿名戒酒小组中展现的脆弱性和自省是需要勇气的。朝着解放的男性气质发展所需要的勇气包括愿意认真地对着镜子，看到完整的自己——缺点、劣势、一切方面。

这种勇气中有一种矛盾的力量。按照禁锢的男性气质规则，信任他人和承认自己的缺陷是愚蠢的举动。但开放性和真实性实际上是强大力量的源泉。在一个广受关注的 TED 演讲中，学者布芮尼·布朗（Brené Brown）颠覆了关于脆弱性的传统认知。"接纳脆弱听起来像真理，感觉起来像勇气，"布朗说，"真理和勇气并不总是令人舒服的，但它们绝对不是软弱。"

为了践行这种勇气，即面对根本性的恐惧，真正敞开心扉，男性可以从勇气的源泉中汲取力量。我们可以立足于从小就被教导要体现的勇气之上。我们可以像约翰那样深吸一口气，说出我们的真相。我们可以像约翰和布拉德·皮特那样信任他人。像皮特一样，我们可以面对自己的全部，接纳人性的弱点。

很有可能，我们会变得更强大，我们的内心也会变得充盈。

同理心

第三个 C 是同理心，它与让男性敞开心扉有关。同理心是指男性让自己的心被痛苦所触动，甚至被击碎，然后努力缓解这种痛苦，或在起初预防这种痛苦。痛苦的范围可以从身体上的疼痛，到情感上的悲伤，再到精神上的痛楚。对自己和他人的同理心需要我们能共情，但并不止于此。它还包括采取行动。

我们谈论的是当我们未能达到一个目标，或者经历了所爱之

第 3 章 从这里开始重塑男性气质：5 个 C 的联合力量

人的死亡时，要对自己有同理心。我们谈论的是向一个抗击癌症的朋友、向一个经历了第一次失恋的十几岁的孩子、向一个为生计而挣扎的陌生人提供关怀。

这其中也有勇气的因素。真正去见证他人的痛苦是很困难的。禁锢的男性气质训练我们远离情感、保持坚忍。因此，我们应对痛苦的反应往往是谨慎、冷漠、回避，甚至是愤怒。在许多情况下，愤怒是恐惧和悲伤的面具。摘下面具、直面恐惧并体验艰难的情绪需要勇气。

本书前面提到的杰瑞努力表达了真正的同理心。杰瑞通过自我反省收获了更充实的生活，这激励他离开了有毒的职场，成为 M3 的一名领导者。但早在那之前，当杰瑞第一次参加 M3 会面时，他对男士们的困难和悲痛的故事所作出的反应是说类似于"别担心，一切都会好的"和"你会没事的"这样的话。

虽然这些充满希望的宣言是出自善意的，但它们阻碍了杰瑞进入 M3 成员所描述的黑暗之地。杰瑞的陈词滥调妨碍了其他人被充分地倾听。它们切断了真正的同理心。

杰瑞的经历并不独特。面对痛苦会引发焦虑，而焦虑几乎总是告诉你要避开你所害怕的事情。在他们的治疗过程中，埃德开始提醒杰瑞注意这个习惯。随着时间的推移，杰瑞发生了改变。作为 M3 小组的组长，他现在表现出了情感上的勇气，可以深入倾听任何一位男士的困难，并与他们的困难相处。杰瑞的领导力已经成为一种出于深切同理心的行为——对他来说，同理心和领导力是不可分割的。

为什么同理心对于重塑男性气质至关重要？因为它以多种积极的方式拓展了我们的生活。它使我们能够"向下成长"，也就是说，通过善待自己，我们可以发展出拥有自我觉察和自我接纳的更丰富的内在生活。同理心也让我们成为对周围的人和其他生物更好的人。我们变成了更有共情能力的配偶、父亲和朋友。同理心对工作效率以及我们人类的生存来说越来越关键。

你如何践行同理心？简单的回答是：通过你的头脑、心灵和双手。首先要相信同理心是男性气质的核心。识别并愿意见证你自己和他人的痛苦，然后采取行动减轻痛苦。或者，如果这对你来说太过挣扎，你也可以走相反的路径。促使自己带着对自我的同理心行动，用同理心来克服你可能感受到的阻力。你的行为可以引发新的情绪、信念和结果。

以第 2 章中描述的内森为例。给医院病人赠送玫瑰的经历使他看到了其他人所面对的考验。这也拓宽了他的情感领地，还振奋了他自己的精神。实际上，他双手所做的工作拓展了他的思想，让他的心灵变得更开阔。

这里有另一个富有同理心的男性的例子，与合著者埃德·弗朗汉姆十几岁的儿子朱利叶斯有关。不久前，埃德开车带家人从亚利桑那州返回旧金山的家，在洛杉矶北部著名的"葡萄藤"地区拐错了弯。埃德沮丧地大喊。他的愤怒一部分是因为损失的时间，另一部分是因为犯了一个"愚蠢"的错误而带来的羞愧感。这

第3章 从这里开始重塑男性气质：5个C的联合力量

是一个很典型的例子，展示了男性如何用愤怒来掩盖尴尬和失望。

朱利叶斯看透了这次爆炸性的发作。

"爸爸，你做的一切已经足够了。"他在后座上平静地说。

朱利叶斯的话立刻宽慰了埃德的心。他们触及了问题的核心，也治愈了埃德短暂的心痛。

朱利叶斯简单的同理行为与他和许多年轻男性正在学习的"将善意和同理心融入男性气质"的方式是一致的。朱利叶斯很幸运地在小学就学习了解决冲突的技能，这是更广泛趋势的一部分，儿童正在被教授"社会情感学习"的能力，如自我觉察、自我管理、社会觉察、人际关系技能和负责任的决策。这是一种充满希望的趋势。

禁锢的男性气质倾向于将同理心视为不够男性化的、"情感外露的"和"柔软的"。但这种看待同理心的方式是滞后的。"柔软"的东西会带来巨大的商业成果，与自己的情感建立联结的男性会更快乐，而且同理心是每个男人与生俱来的权利。

埃德·亚当斯在他的汽车保险杠上贴了一张贴纸，上面写着"富有同理心的男人更幸福"。他身后的司机经常会按喇叭，对着这条信息"竖起大拇指"。

为了我们自己的利益以及我们周围每个人的利益，我们可以而且必须将同理心重新纳入男性特质。

联结

"为了我们周围每个人的利益。"

这个表达说的是第四个 C——联结。联结意味着男性要与他人建立更牢固的联系，并使自己更充分地为人类和地球服务。这些更深层次的关系涉及认识到我们作为一个物种的相互依存关系，以及我们与他人是天然相连的这一事实。

为什么联结很重要？简单地说，它是解放的和强大的。与其他人的联系如何能让人解放？这是一种"伴随"他人而来的自由。这种自由源于我们作为灵长类动物和人类所具有的根本的社会性本质。它包括了摆脱孤独而获得的解放，以及其他人能够释放出我们身上最好一面的方式。

联结的另一个好处是能力。与他人一起做我们无法单独完成的事情的能力。与他人一起创造我们自己无法独自创造的东西的能力。成为比我们自己更大的事物的一部分，会带来兴奋感和巨大的影响。

另外，联结中蕴含的解放和力量只会变得越来越重要。事实证明，在我们生活的各个方面，牢固的纽带和对我们深刻的相互关系的认识变得日益关键。

在实践中，联结是什么样的呢？与同理心类似，联结涉及培养正确的思维方式、正确的心态和正确的行动方式。也就是说，

第 3 章　从这里开始重塑男性气质：5 个 C 的联合力量

它提倡建立某些信念，如信任、向自己和他人敞开心扉，并培养增加我们与他人之间联系的习惯。

举一个很好的例子，让我们来看劳尔·拉莫斯（Raúl Ramos）的养育方式，他是两个十几岁男孩的父亲。劳尔是埃德·弗朗汉姆最好的朋友之一，是休斯敦大学的历史学教授。他在大学中很活跃，最近还担任了教授评议会的主席。但劳尔从未让他的职业生涯盖过他与儿子华金（Joaquin）和诺伊（Noe）的关系。他与妻子莉兹（Liz）分担育儿和家务职责，这体现了他对孩子们的热爱。他曾担任孩子们小学的家校委员会的成员。他还支持他的孩子们成为运动员，花很多时间与诺伊和华金一起练习运动，为他的儿子们找到合适的棒球队和长曲棍球队，并为他们加油助威。

这并不是说他是个圣人般的父亲。他偶尔也会对他的孩子们大喊大叫。当涉及他自己的健身计划时，他也并不是一个完美的榜样——他没达到每月跑步目标的次数比达到目标的次数还要多。在这些方面，他就像很多爸爸一样。但劳尔的突出之处在于，他在情感上与孩子们是协调一致的。

不久前，埃德和劳尔相聚在旧金山的一个滑板公园，当时朱利叶斯、华金和诺伊在滑滑板。劳尔正确地预测了华金会尝试用一种特定的技巧滑上一个特定的斜坡，尽管当时华金还在穿越公园的半途中，这件事让埃德感到很惊讶。劳尔还正确地预测到，华金不会完全完成用滑板到达坡道顶部的技巧，而是会抓住围栏，让他的滑板滑下来。这样一来，滑板就给其他滑手带来了风险。

"嗨,华金,不要那样松开你的滑板。"劳尔喊道。

他斥责了华金,但并不严厉。劳尔密切观察华金的这个习惯让他明白他的儿子有多么想掌握这一技巧。在某种程度上,正是这种细心、爱护的养育方式,让华金成长为一个能倾注自己热情的孩子。他是一个娴熟的棒球捕手、一个才华横溢的钢琴演奏者,而且能说流利的英语和西班牙语,还能说一点汉语。这对一个九年级的学生来说还是很不错的。

劳尔父子的关系还包含另一层信息。华金和诺伊是在一个日益复杂的种族、社会经济环境中成长起来的混血儿童。劳尔是第二代拉丁美洲人,利兹是美籍华人。他们生活在休斯敦,这是一个包容的国际大都市,也是一个长期存在种族分歧的城市。有一件事凸显了这种复杂的身份图景。休斯敦太空人职业棒球队的一名拉丁裔球员作出了"斜眼"的种族主义手势,贬低了对手球队的一名亚裔球员。对于劳尔的儿子们来说,这是一个令人困惑的时刻,他们既是拉丁裔又是亚裔。但劳尔当场与他们谈论了这个问题。

有人可能会说劳尔是要为育儿付出代价的。他确实推迟了他感兴趣的学术文章的发表和书籍的出版。如果他不是一个那么尽心竭力的父亲,他现在可能已经在职业上取得了更大的进步。但劳尔并不后悔他与孩子们建立的关系。换句话说,他并不希望自己对他们的爱减少一点。

"我并不觉得我在付出代价,因为我收获了这么多。"他说,

第 3 章　从这里开始重塑男性气质：5 个 C 的联合力量

"这些要重要得多。"

与劳尔不同的是，一代又一代禁锢的男性抑制了对自己孩子的情感付出。埃德·亚当斯的许多来访者都是男性，他们感到很悲伤，因为他们对自己的儿女来说就像是陌生人。但男性可以反抗那些误导人的抑制情感表达和冷漠的男性规则。他们可以更充分地表达对家人的爱，并且可以将积极的联结扩展到朋友、同事和整个人类家庭。

承诺

禁锢的男性气质尽管已经严重过时，却仍具有巨大的、难以逃避的文化影响力。所以第五个 C，即承诺，与前四个有稍许不同。它承认一个事实，即男性可能会退回到禁锢的男性气质中，并且它决心阻止这种情况发生。它关乎坚持不懈地培养好奇心、勇气、同理心和联结的习惯，关乎朝着解放的男性气质的方向不断前进的决心。

当男性致力于重塑自己的男性气质时，他们会得到非凡的回报。他们体验到我们在整本书中所探索的解放和力量。他们享受到更大的幸福，更深入地参与生活。那么，你如何对解放的男性气质作出承诺？

与其他的 C 一样，承诺也涉及头脑、心灵和双手。它需要信念、热情和行为改变，所有这些都服务于更好地、更满足地成为一个男性。

承诺始于理解你正在作出这样一种承诺，即摆脱一种常常是在削弱而非增强人生体验的男性气质。因此，承诺走解放的男性气质道路是理性而有意义的。

在这条道路上，许多解放的男性会使用的一个工具是冥想，有时会结合瑜伽。冥想，也被称为正念，它与增强同理心和联结的目标恰好是一致的。合著者埃德·弗朗汉姆认为，二十多年来定期的瑜伽练习帮助他一直致力于成为一个更坚强、更善良、更平静的男人。

此外，自我完善是一门科学。男性可以从行为经济学的洞察中有所学习，它建议可以对日常生活进行小幅改变，从而建立积极的习惯。男性也可以利用数字化工具来使他们维持在正轨上。他们可以使用"正念"和"幸福"这类主题的应用程序来鼓励自己展现善意。他们可以设置日历项目，提醒他们问更多问题。他们可以筹划扩大信息来源，以获取来自不同文化、持有不同观点的新闻，从而培养更多同理心和更广泛的联结。

今天的男性正倾向于利用个人数据分析来改善他们的运动表现或整体的健康。他们可以利用一些相同的原则和技术来更新和增强自己的男性气质。

不过，即使有了正确的技巧和工具，激励也还是会有所帮助

第 3 章 从这里开始重塑男性气质：5 个 C 的联合力量

的。沿着这些思路，来看看这个故事，它与一个男人坚持实践一种富有同理心和联结的男性气质有关。

托尼·邦德（Tony Bond）是卓越职场研究所的多样性和创新主管，合著者埃德·弗朗汉姆也在这家研究和咨询公司工作。

托尼的父亲是一名建筑工人，在托尼刚满一岁时就因罹患硅肺病而残疾了，这是一种与工作有关的肺部疾病。托尼记得，尽管父亲患有疾病、身体虚弱，他依然是一个温柔、慷慨的人。托尼回忆道："他向我灌输了'倾听比说话更重要'的理念，还有，'为人们而存在'。"

托尼的父母还通过他们对歧视和冷漠作出反应的方式，给他上了关于性格和安静的力量的重要一课。

托尼把谦逊和自尊的价值观带到了大学，并最终带入了职场。然而，在托尼早年从事公司财务和销售工作期间，他为人处世的方式并不总是得到认可。他回忆说，争夺注意力和力求主导谈话的行为在他的同龄人中非常常见。"你说得越大声、说得越多、表现得越积极，你就越被重视、越会得到认可。"托尼说，"我感受到，'我是谁'和'我被期望成为什么样的人'之间存在冲突。"

在一次销售战略会议上，事情发展到了一个很尖锐的地步。托尼对如何推进事情有自己的想法，且大部分时间都在倾听，试图从惯常的争论性对话中学习。会议结束后，他因被动和"沉默寡言"而受到批评。于是，他与一位他所尊敬的副总裁进行了交谈。"我记得他说：'你是为了长期发展，让结果本身来说话，不要觉得你必须改变。'"托尼说，"就在那个时刻，我坚定了自己的立场，我说：'我真的不在乎他人的期望是什么。我只是要做我自己。'"

托尼还找到了和他观点相同的人，他们都认为更好地对待他人是重要的。最终，他发现了卓越职场研究所，它研究和表彰那些领导者重视尊重、信誉和公平的组织。

具有讽刺意味的是，托尼对一个重视倾听的组织的搜寻反而让他获得了很大的话语权。在他为卓越职场研究所工作的过程中，他到全球各地与企业高管交谈，并就创新、多样性和工作的未来发表演讲。取得这个令人愉快的结果的一个关键点是，托尼能够坚持做一个带有"我和我们"视角的人。另一个关键点是他找到了一个组织，它能为一个决心保有好奇心并专注于与他人建立联结的人提供空间。

关于卓越职场研究所，他说："我从来没有真正感觉到我必须表现出大男子主义般的逞强。你可以脱掉制服、摘下面具，做你自己。"

他补充道："我觉得这是一种解放。"

5个C的联合

这5个C是一组融合在一起的要素，可以重塑一个男人的男

第 3 章　从这里开始重塑男性气质：5 个 C 的联合力量

性身份。或者，我们也可以将它们视为一种更大的探寻的一部分。它们都是至关重要的，就像电子游戏中设置的关卡，它们会提供应对更大的终极挑战所需要的要素。但这 5 个 C 不必按特定顺序来运行。它们中任何一个都可以作为切入点，来开启朝向解放的男性气质的转变。

5 个 C 相互重叠并相互关联。好奇心在本质上是一种勇气。勇气涉及同理心，反之亦然。联结在很大程度上依赖于前 3 个 C。好奇心引发我们探寻彼此相互关联的方式。我们需要勇气来抗击禁锢的男性气质，避免成为一座与世隔绝、自给自足的孤岛。同理心可以促进联结，因为一个男人的心会被一个有需要的生命激发出行动。

5 个 C 也是循环往复出现的，它们是周期性的。在通往解放的男性气质道路上，男性将持续努力践行这 5 种做法，一次又一次地去体验它们。最终，它们将深入他的骨髓。但从来都不会有一个精确的终点。男性总是可以不断扩展他的觉察和内心。

尽管这 5 个 C 中的每一个都不可或缺，但其中两个对于重塑男性气质、获得自由和力量非常核心——同理心和联结。我们将在接下来的章节中更详细地探讨这两点。

思考和行动

好奇心：让你的想象力自由驰骋。开始写日记，每天问一个新问题。包括开放式问题，尤其是那些挑战你关于男性气质的设想的问题。不要评判或审查你的想法。

随着时间的推移，你是否注意到传统、禁锢的男性气质观点如何塑造了你的生活？

另外，写下你想成为什么样的男人。

勇气：与人分享什么让你最为恐惧？与人分享什么带给你最深的喜悦？

你是否能挺身而出，反对不公正，从而展现勇气？你可以写信给编辑，或拒绝参与诋毁他人的谈话。

当你挣脱禁锢的男性气质中那些有害的、限制性的规则时，请意识到你是非常有勇气的。挑战自己，向朋友或同事展露你的情感。如果你曾经因为遵循禁锢的男性气质规则而"虐待"了他人，请鼓起勇气道歉。

同理心：从自我关怀开始。回想一次你过去经历过的，或许现在仍然能感觉到的伤害。你能更深入地感受那种痛苦吗？然后，让自己相信自己有韧性、有能力从伤害中学习。善待自己，宽恕自己。

想想你认识的正在受苦的人。告诉他们，你真诚地关心他们。倾听他们的故事，然后做一些切实

第 3 章　从这里开始重塑男性气质：5 个 C 的联合力量

的事情来帮助他们缓解不安。

跟随内森充满同理心的脚步：带一打玫瑰到医院，给每个看起来很孤独的病人送一朵。

联结：考虑一下你的哪段人际关系最需要深化。你能开始和对方建立一段更交心的关系吗？

加入一个男性支持小组，或参加一个旨在鼓励男性面对和分享生命体验的工作坊。

问问自己：你怎样才能以一种与地球更紧密相连的方式生活？你可以采取哪些小方法来更好地呵护地球？

承诺：进行一个基本的测量，评估你在禁锢的男性气质到解放的男性气质的连续谱系中所处的位置。请完成男性气质自我评估表（见本书末尾）。通过每 6 个月重新进行评估来跟踪你的进展。

创建一个有挑战性的自我提问或自我提醒，比如"此刻我想成为什么样的男人？"或者"记住，我是独一无二的，但不是这个房间里最重要的人。"请承诺在一天中多次重复这个口头禅。

第4章

"温柔地敲打自己"：同理心的解放力量

第4章 "温柔地敲打自己"：同理心的解放力量

埃德·亚当斯问他的妻子："这个房间是倾斜的吗？""不是，"她说，"你为什么这么问？"这个问题揭开了一场健康传奇的序幕——埃德被送去住了两周院，因为他的身体从头到脚逐渐陷入了瘫痪。随着症状的发展，死亡似乎越来越像是这场噩梦的终点，更糟糕的是，没有人知道他身上发生了什么。

最终，诊断结果是一种罕见的免疫疾病，称为米勒—费希尔综合征（Miller-Fisher syndrome），其发病率仅为百万分之一。它被认为是由一种病毒引起的，这种病毒诱使免疫系统把自己的神经系统当成一个外来物进行攻击。慢慢地，神经系统就会短路，身体机能变得紊乱。这个是坏消息。好消息是，它最终会停止。在它行使其破坏性后，神经元会开始自我修复。最终，常态得以重建。这可谓是一次往返地狱的旅行。

埃德的医疗险情已经是10年前的事了，那是一段非常可怕的时期，迫使他面对死亡。尽管他经历了恐惧和焦虑，但他如今对此的回忆并没有聚焦在混乱、无助和痛苦上。相反，埃德"记住了同理心"。

痛苦能唤起同理心。同理心是对自己和他人的痛苦的敏感，并投身于减轻和防止痛苦的努力之中。在埃德罹患米勒—费希尔综合征直至治愈的历程中，他的痛苦激起了无数人的同理心——医生、护士（尤其是护士）、技术人员、其他患者，以及他的妻子、家人和朋友。他接收到了如河流般涌来的同理心。因为埃德无法清晰地说出话，一位朋友还和他开玩笑，打趣道："埃德，和男性做治疗，你不需要说太多。反正他们也不听你的。"当时埃德只能咕哝，他笑了起来。

在住院的两周里，埃德唯一服用的药物是感冒药。他满怀信心地表示，正是他得到的同理心"治愈了他的精神"。在受到健康危机影响的人们所讲述的无数故事中，埃德听到了回荡其中的同理心的力量。

同理心是我们人性的一种自然表达，所有男性都需要拥有它，以过上健康、满意、充满情感的生活。但是，除了愿意给予和接受同理心，男性也需要对自己富有同理心。同理心及其密切相关的行为——共情、善良、自我觉察、感激和慷慨——一直都是男性得以建立深具价值的关系的核心。时至今日，以富有同理心的思维方式行事已变得极为紧要。技术、人口统计学和组织生活方面的变化，对情绪觉察给予了重视，因为它涉及男性的个人幸福感、工作效率以及他们在更广泛的社会中的位置。同理心和自我关怀正在将男性从以"我"（仅仅是自我）为中心的状态中解放

第4章 "温柔地敲打自己"：同理心的解放力量

出来，这种状态导致了不必要的痛苦和孤立。解放的男性气质的核心是同理心，它使男性能够以有意义、强有力的方式管理一个更加复杂、以关系为中心的世界。

人类的标志，男性与生俱来的权利

人类已经进化出与我们的孩子建立紧密联系的能力，这一能力确保了新生儿获得生存所需的照顾。幸运的是，与他人建立联系的能力超越了我们的直系亲属的范畴。如果我们的早期祖先没有互相照顾，我们的氏族就会灭亡。我们认识到，相互关注和照顾使我们不仅能够更好地生存下来，而且能够发展繁荣。这成为一种双向的情感回报——我们可以在接受同理心时感到舒适，并在给予同理心时感到满足。

想想学者保罗·吉尔伯特是如何总结我们作为一个物种的早期历史的。

"随着农业的出现，存在了几十万年的和平与关爱的狩猎—采集者群体变得分崩离析。然而，正是在这些群体中，我们发展出了非凡的共情、关爱和分享的能力。"吉尔伯特说，"事实上，人类智力和语言的进化可能部分是因为我们专注于发展亲社会关系。"

同理心本身没有性别界限。斯坦福同理心和利他主义研究与

重塑男性气质
拥抱更有同理心与联结的世界

教育中心的科学主任艾玛·塞帕拉（Emma Seppälä）认为，"女性天生比男性更具同理心"的看法是一种误导。"女性的表达方式是养育和联结，"塞帕拉写道，"男性的同理心则是通过保护和确保生存来表达的。同理心只是基于我们对于生存的进化需求呈现出了不同的'外观和感觉'。"因此，如果男性声称同理心完全是一种女性特质，他们就否认了自己完整的人性。

同理心源于我们的天性，并被经验积极或消极地塑造着。由于同理心融入了我们的人性，它就像一颗橡果等待着发芽——或发不了芽。每个人生来都有与他人建立联结的需要和能力。起始于子宫、贯穿一生的环境体验不断塑造着我们通往和表达富有同理心的自我的方式。我们所有人都有可能到达或高或低的境界，都有可能发展出佛陀般的慈悲或精神病患者般的冷漠无情。

男性在天性和教养上都是富有同理心的人。然而，禁锢的男性气质会阻碍男性将同理心视为一种值得重视和培养的特质。男性常常不承认善良、温柔和关怀是"男性化"的，因为这些特质被体验为柔软和女性化的，我们知道，禁锢的男性气质排斥那些被认为是女性化的东西。但我们需要明白，同理心必须被充分纳入男性的人性之中。对于男性来说，现在是时候将同理心重新视作男性特质，将它收回进男性的身份认同中了。重获同理心和自我关怀可以为男性的心灵注入活力。这对于推动世界发生积极和可持续的变化来说，也是必需的。

埃德·亚当斯治疗过很多男性，他们来找他解决各种问题。

第4章 "温柔地敲打自己"：同理心的解放力量

然而，他们中没有一个人在生活中遇到过"温柔、关心和同理心过多"的问题。

一位父亲的遗憾

杰克逊是"男性指导男性"小组的成员，他的例子说明了具备同理心或缺乏同理心会如何对人际关系产生重大的影响。

杰克逊在参加了十几次男性小组会面并倾听了其他男性发自肺腑的话语后，决定透露深藏内心的感受。在一次M3会面中，他谈到他对于自己对刚成年的女儿萨拉的养育方式感到很羞愧。

"一开始我对我们生了个女孩感到失望，"他承认，"我试图让她对我喜欢的事情感兴趣，比如运动、露营、钓鱼和任何竞争性的事情。但她对这些事情不感兴趣。事实上，她更像一个小女生。我很少付出努力去对她的活动表现出兴趣。萨拉觉得我是一个不亲近的、缺少联系的父亲。当我回头看时，我能看到我对她的伤害有多大。自然而然地，我们渐渐疏远了。现在我想更靠近萨拉，向她表达我的爱，但我担心为时已晚。我不知道该怎么办。"

杰克逊开始明白，他已经接受并遵循了许多禁锢的男性气质的行为准则。其中一条准则告诉我们，按照刻板印象中那些被贴上女性化标签的方式行事会显得不够男人。杰克逊所面临的问题是他遵循这些陈旧和局限性的想法行事所产生的后果。结果是，杰克逊一直生活在遗憾和失望之中。但杰克逊是一个充满爱心的人，他正在寻求同理心和联结的解放力量。

参加这次会面的男士们见证了杰克逊情感上的痛苦。屋里一直保持安静，直到杰克逊继续诉说。"我来这个小组的时候已经太晚了，"他总结说，"如果当初我能够带着同理心看待这个世界，我和女儿的生活会有所不同。我会看到萨拉有多难过，那样我就可以帮助她。我爱她。而现在，我们彼此都受伤了。"

但那些男士们并不认为为时已晚。他们敦促杰克逊想出对策，与萨拉重新建立联结。而杰克逊接下来所做的事情相当有启发性。但在我告诉你他做了什么之前，让我们先讨论一下与男性和同理心有关的其他关键方面——自我关怀。

男性与自我关怀

在 M3 的会面室中有一块牌子，上面写着：我从来不会温柔地敲打自己。这句话道出了许多男性缺乏自我关怀的情况。

当一个男人对自己有同理心时，他愿意承认自己的受伤、不适、失望和痛苦，然后尝试安慰自己以减轻这种痛苦。当我们以仁慈、关怀和尊重的态度对待自己时，我们就是对自己有同理心的。自我关怀源于我们的想法，然后通过我们的行为付诸实践。

埃德·亚当斯会举办男性的研讨会，每当他在研讨会上提出

第4章 "温柔地敲打自己"：同理心的解放力量

自我关怀的概念时，常常会接收到茫然、困惑的眼神。很少有男性听说过自我关怀这个概念。但当埃德问男士们，他们是否会自我批评，或者消极地看待自己时，每个人都举起了手。一位男士说得很好："从来没有人会让我坐下来，然后说，是时候学习如何成为你自己最好的朋友了。"

自我关怀是男性从禁锢的男性气质走向解放的男性气质所需要的基本技能之一。由于自我关怀是一种习得的技能，各个年龄段的男性都可以发展或增加他们对自我关怀的实践。这是一件好事，因为自我关怀的能力会大大提高我们的生活质量。克里斯廷·内夫（Kristin Neff）是自我关怀的主要研究者和倡导者，她发现自我关怀比自尊对我们的心理健康更有建设性。自尊是基于评价的，我们将自己与他人进行比较；而自我关怀则是面对生活的现实，但不作出不公正或严苛的评判。自我关怀是指我们如何理解自己过去、现在和预期的经历。内夫说："与自我关怀相关联的是更强的情绪复原力、更准确的自我概念、更具关怀的人际关系行为，以及更少的自恋和反应性的愤怒。"

请注意，自我关怀并不是一种糖衣包裹的、陈腐的思维方式，例如"一切都会有最好的结果"或"不要太担心"。自我关怀是务实和关爱的。它立足于生活的全部现实——好的、坏的和丑陋的。例如，埃德的一位来访者最近被诊断患有帕金森病。如果埃德告诉他，自我关怀是相信"最终会好起来的"，那么埃德将会伤害到他，并削弱他们在治疗关系中建立起的相互信任。相反，埃德建议他告诉自己："帕金森病肯定会让生活变得困难。但好消息是，我被爱着、被支持着、有韧性、有觉知。我身边有很多关心我的人,还有一个医生团队致力于帮助我在身体和情感上应对这种疾病。"

对自我批评的批判

严厉的自我批评会培养出"不够好""有差别"和"被排除在外"的感觉。这些信念加剧了孤独、焦虑和抑郁。发展自我关怀的好处包括减少恐惧和焦虑,以及与他人建立更紧密的联系,增强对生活压力的适应能力。对自己抱有同理心就是在练习自我善待。它是自我安抚、令人平静的源泉,有助于调节负面情绪。它还允许一个深陷"自我"的人开放他的内心生活和他所有的关系,获得更有效的"我和我们"的世界观。禁锢的男性气质中最具破坏性的因素之一是这样的一种观念,即男性不应该向任何人,甚至他自己,表达感受、需要、情绪或个人问题。由于缺乏语言来识别和确认所经历的事情,自我关怀因而也就受到了阻碍。男性研究领域的主要研究人员罗纳德·利万特(Ronald Levant)发现,男性无法使用语言来描述感受的现象是如此普遍,以至于他创造了一个术语来指代这种现象——"被正常化的男性述情障碍"。

虽然大多数男性都以关注外在生活的需要为荣,但忽视一个人的内心世界是禁锢的男性气质所带来的众多弊端之一。因为没有自我觉察,没有用来描述一个人的感受的语言,男性很容易被

第 4 章 "温柔地敲打自己"：同理心的解放力量

误解、被解雇以及遭遇关系困境，所有这些都使情感上的成长陷入停滞或变得不可能。此外，识别和表达情感的困难也使"谈论情感是不够男性化的"这一刻板印象长期存在。常有的情况是，认识内在情绪的能力从未被学会，因为并没有人教授它。对自我的无知有可能一代又一代地传递下去，直到有某个勇敢的灵魂决定向内探索。如果一个男人要享受自我关怀的益处，他必须觉察到、接纳并描述他真正的感受。他必须理解"感受之中的感受"，即对任何不愉快的情景的最初反应背后的更深层的情感。

简而言之，这与发展情感的成熟度和精细度有关。

通过使用通信技术，男性似乎变得更具表达力了——我们已经看到，男性在社交媒体和短信中发送着笑脸、爱心和哭泣的表情。但这种情感洋溢的状态可能不会延伸到和某个与你面对面的人的情感交流中。换句话说，我们要意识到，禁锢的男性气质是一种潜在、持久和强大的力量。

有一种情绪是很多男性经常体验到并且表达的——愤怒。愤怒是一种情感能量，可以用来建立关系并创造积极的改变。人们可以说，特蕾莎修女使用愤怒来确保她所照顾的低收入者和病人不会被忽视。愤怒也是一种被许多人视为"有男子气概"的情绪。但它是一种危险的情绪，我们需要提防愤怒，不要将其认同为一种受欢迎的男性特质。愤怒经常被当作暴力和侵略的理由。它常常以"我"为导向，带有评判性。愤怒常常会让人心烦意乱，疏远他人以及破坏关系。这样的结果毫无益处。

愤怒往往源自固执己见，源自执着于是非对错。在 M3 会面中，当参与者不同意其他人的观点时，埃德·亚当斯要求他们不要用愤怒来回应，而是表达："你可能是对的。"这开启了讨论实质内容的对话，而不是捍卫立场。这句话有助于抑制甚至防止愤怒的反应。

埃德的来访者马蒂告诉他："我被邀请参加一个庆祝我40岁生日的惊喜派对。我没有感到荣幸，反而很生气。然后，一个同事笑话我。我并没有笑自己，而是变得愤怒。我为什么会这么生气？"他接着问埃德："你是医生，你说，我是一个只会愤怒的男人吗？"

男性和同理心

马蒂的疑问的答案既是肯定的，也是否定的。诚然，生活在禁锢的男性气质之中的男人们都很愤怒，但这并不是我们的自然状态。

黎明

每个工作日的凌晨4点，艾萨克都会硬撑着起床。他要去做一份没有成就感的工作，为了获得收入，来给妻子和孩子提供食物、住所和教育。也就是说，每当闹钟响起

第4章 "温柔地敲打自己"：同理心的解放力量

> 时，艾萨克就开始了他的一天，"做一个男人必须做的事"。
>
> 但男子气概仅仅是这样吗？艾萨克能把他的自我牺牲视为爱吗？他能肯定自己的慷慨和善良吗？他认同自己是一个有同理心的男人吗？
>
> 我这么问，是因为这真的很重要，而且艾萨克需要了解这些问题。

正如我们所说，同理心和自我关怀是不分性别的。但是，当男性把富有同理心的想法和行为与柔软、懦弱或女性化相关联时，他们就不太可能在生活中采纳同理心。在解放的男性气质模式中，男性会自豪而热切地将同理心和自我关怀视为有男子气概的。男性气质和同理心之间的这种深刻联系，使男性能够全然地表达他们的人性，并且也给予许多男性的无私行为以尊重。同理心和自我关怀将男性从以自我为中心的愤怒中解放出来，它们还能使人保持正念，正念反过来又使大脑能够自我调节，并在对事件作出反应的时候可以有一系列的选择。

同理心就像一个大容器，装满了人类精神的精华。一旦同理心存在于我们的心灵中，它就会带来共情、联结、关怀、参与、"我和我们"的思维，以及实现这些积极意图的积极行动。这是我们人性的一个水平极高的道德特征，因为它对自己和他人都是有利的。

如果神话中的魔法师梅林挥舞着他的魔杖，在全人类中激起双倍的同理心，那么从个人到全球层面的问题都将受到巨大的积极影响。我们对彼此的需要和痛苦的觉知会变得更加敏锐。通过考虑对自己和他人的影响，我们制定的决策也会是明智的。我们与环境福祉的联系及对其的责任将不再成问题。战争和核武器将显得荒唐可笑。饥荒和疾病将得到妥善、协调的解决，不再受控于充满私欲的经济问题。我们每个人都会感到自己是社会的一分子，我们的生命是重要的。我们会体验到更强的意义感，活得更长久、更健康、更满足。这些都是追求受同理心驱动的生活所带来的好处，鉴于此，男性不认为同理心是一种深刻的、具有男子气概的品质是很不明智的。

同理心的要素

除了自我觉察和表达我们内心感受的能力，同理心也延伸到我们需要关心我们的关系这一层面。对大多数人来说，主要的关系包括直系亲属、大家庭，也许还有一些朋友、同事，甚至家庭宠物。这是一个局限的关系圈，它反过来生成了一个有限的同理心涵盖圈。这并不是说，这个层次的同理心不重要且不可贵。大多数认为自己富有同理心的男性都会对他们所处的关系圈内的人作出回应。

第4章 "温柔地敲打自己"：同理心的解放力量

和平、同理心、死亡和生命

最近，埃德·亚当斯搭乘了一趟跨国旅行的航班。当他找到指定的座位时，该座位已经被一位男士占了，对方正安逸地坐着。他们决定交换座位，结果证明这是一个幸运的决定。

埃德的新座位旁边是一位叫卡尔的男士。他是要去照顾他突然病重的父亲。坐在卡尔另一边的女士名叫香提，是一位善良、可爱的商人。她告诉他们，她成长于印度传统文化，她名字的意思是"和平"。

事实上，卡尔刚刚知晓父亲去世了。他非常痛心，矛盾的情感涌上心头。这时卡尔得知埃德是一位心理学家，正在写一本关于男性和同理心的书，所以他觉得可以放心地和埃德以及香提谈谈他和父亲的关系。他也感到很想哭，但受限于当时的环境，他忍住了。

埃德建议卡尔注意那些可能让他感受到父亲存在的方式，以及父亲可能在表达爱的方式。卡尔点了点头，变得若有所思。沉默了很长一段时间后，卡尔轻轻推了一下埃德，说："我想我爸爸在和我说话。他让你们两个人碰巧坐在我身边，是想告诉我，我需要在和平与同理心的包围下生活。"

在过去,对这个圈子里的人表达同理心就足以生存和发展。现在已经不再是这样了。科技、通信和交通运输已经使世界变得很小。我们的技术进步已经改变和扩展了所有关系,以至于在当今世界,有效维持我们紧密的关系成了一个挑战。此外,由于流动性增加、离婚、通信方式的改变以及经济和社会的变化,我们的许多家庭关系正在分散。

这里面有一个悖论。技术扩大了我们见证他人痛苦的能力,但也会削弱我们看见最亲近的人身上的痛苦的能力。例如,如果我和儿子的关系是建立在简短、肤浅的短信上,我就可能对他的痛苦一无所知。我可能不会知道他心碎了或者没有如愿升职。然而,我可以上网,见证那些在火灾中失去一切的人的痛苦。我可能为那个家庭感到难过,却没有意识到我自己的儿子需要我的关注和照顾。即时通信可以将我们与他人的痛苦联系起来。然而,我们当前的工具可能会促使我们进行流于表面的交流,而不是与我们最亲近的人真正变得亲密。

我们世界各地的许多人都在与这一悖论作斗争。这使男性迫切需要将同理心视为一种与生俱来的男子气概。只有这样,我们才能处理萦绕在同理心周围的困惑,以及处理在我们的亲密关系中实践同理心并将其扩展到其他人身上的困难。

对于成功的职业和繁荣的组织来说,同理心也正在成为极其重要的品性。我们将在第 6 章中更详细地探讨这一观点。不过,要点在于,一个更快速、更复杂、更多样化的商业世界正在要求

第4章 "温柔地敲打自己"：同理心的解放力量

男性和女性展现出情绪智力、同理心和关怀。这些软性技能也被证明是"成功技能"，因为说服力正变得比自上而下的命令更有力，组织越来越依赖团队而不是个人努力，并且同事之间的"心理安全"至关重要。

以解放的男性气质模式来生活的男性会轻松自在地表达善意，他们通常会在新的商业环境中发展良好。但是那些对于了解历史上被边缘化的群体的体验依然感到兴致寡淡的男性，会发现他们自己的效率变得越来越低。他们还面临着更大的风险，即违背了组织正在采用的敏感性方面的更高标准。

一个始终可用的选项

但这些男性有望朝着正确的方向发展。同理心总是可以获得的，我们随处都可以选择以这种方式来对生活作出回应。埃德·亚当斯的跨国飞行（见"和平、同理心、死亡和生命"专栏）展现了，我们可以选择同理心和善意，而不是冷漠。同理心对于受抑制的男性气质来说是一种高效的解药。开朗和富有同理心的男性会表达情感、提出问题、揭示需求和欲望，并进行艰难的对话，旨在解决冲突，而非增加冲突。

在解放的男性气质中，品格很重要。衡量一个男人要基于他创造和谐以及与他人合作的意愿。同理心、善良、感恩和尊重是珍贵的特质。一个解放的男人会高度重视同理心，并将其融入个人和组织生活的各个层面的每一个行动和决策中。一个富有同理心的男人懂得"善恶因果"。这承认了所有的生命都是相互关联的，如果你以同理心和善意的态度行事，你很快就会因为这些特质而受益。同样地，如果我们每个人都自顾自地、以"我"为中心去行动，最终我们自己的需求将被忽视。

同理心是一种道德行为。埃德·亚当斯总是建议处于离婚痛苦中的男人"站在高处"来应对伤害和愤怒。他的一位来访者韦德正经历着一场噩梦般的离婚，其中充满了指责、法律手段和对他事业的威胁。尽管有很多恐惧，韦德还是努力控制自己以愤怒来回应的冲动。"我痛恨我妻子的所作所为，"他告诉埃德，"但我拒绝恨她。"

在韦德经历严峻考验的过程中，埃德和他讨论了用力量和同理心回应前妻的利弊。韦德发现，保持一个更和平的行动方式需要很大的勇气。他还明白了自己可以设定坚定的界限，并且明白了自我关怀的价值。

当尘埃落定、双方都继续各自的生活后，韦德反思了这场艰难的离婚。"当我回头看时，我非常高兴，因为我总体上坚守了我的道德准则。我失去了金钱，但没有失去我的孩子，我输掉了一些争斗，但我保有了我的正直。现在，我伤痕累累，但我对爱和被爱保持开放的态度。"

他带着完整的父亲身份从困境中走出来，成了一个更睿智、更有联结能力的人。同理心和自我关怀引导着他踏上扩展男性气

第 4 章 "温柔地敲打自己"：同理心的解放力量

质的旅程，而不是退缩到一种受抑制、蹲伏的姿态。

充满勇气的同理心

同理心不适合胆小之人。它要求人们能够坚忍勇敢地、面对面地接纳痛苦和苦难，并作出真诚、现实、善良和大胆的回应。对于富有同理心的男性来说，即使他们采取行动来缓解和预防苦痛，他们也会保持健康的边界。他们响应同理心的召唤，带着好奇心、勇气、联结和坚定的承诺行动，来防止、缓解和终结我们自己与他人的痛苦。

我们上面讨论的这些主题在本章前面提到的杰克逊与女儿的冲突的例子中发挥了重要作用。你可能还记得杰克逊与女儿萨拉长期以来的疏远。杰克逊曾表达过希望"改善"这段关系，并说他想"变得更加亲密和有爱"，但他也"不知道该怎么做"。在前面提到的 M3 会面中，其他男士小心谨慎地质疑了杰克逊的无助感，然后是完全的沉默。突然，杰克逊站了起来，询问他是否可以使用埃德的私人办公室打个电话。

20 分钟后，杰克逊回来了。"我给萨拉打了电话，"他向男士们宣布，"我告诉她我爱她，我很抱歉我对她曾表现得如此缺少关爱。我告诉她，如果她让我回到她的生活中，事情会有所不同，我保证会尽我所能让我们的关系好转。然后我们都哭了。萨拉说：'我爱你，爸爸。'我告诉她，她是我生命中的挚爱。"

房间里所有的男士都鼓起了掌。许多人流下了眼泪。

当埃德·亚当斯因米勒—费希尔综合征住院时,他的身体机能停摆了,他在生理上是很无助的。然而,他的大脑运转良好,因此他可以在认知上理解所有正在发生的事情。他知道医务人员感到很困惑。他的大多数医生从未见过甚至听说过这种综合征。在这种日渐瘫痪的无助状态中,埃德唯一能依靠的就是每个帮助他的人持续的同理心。

是同理心拯救了他的灵魂。现在,就让它在你身上发挥它的力量。

第 4 章 "温柔地敲打自己"：同理心的解放力量

思考和行动

好奇心：什么能唤起你的同理心？你能找出抑制了富有同理心的生活的男性性别规则吗？

勇气：实践一个让你走出舒适区的富有同理心的行为。你对此有什么感受？这对接收到你的同理心的人产生了什么影响？

同理心：练习自我关怀的行为。你能认识到自己感受到的伤害并有意识地安抚自己吗？与朋友分享你的痛苦可能会有所帮助。

联结：向那些似乎处在挣扎之中的人伸出援手。真诚地面对你在他们身上看到的痛苦。询问你能做些什么来减轻他们的痛苦。

承诺：晚上躺在床上时，在入睡前对同理心进行反思。回想一下你最近对他人展现的同理心，并感恩你所得到的同理心。

第5章

疗愈孤独,拥抱创造力:联结的解放力量

第 5 章 疗愈孤独，拥抱创造力：联结的解放力量

"我不介意独处，"罗伊在一次治疗中向埃德·亚当斯解释道，"我不介意一个人去餐馆和电影院之类的地方。但有时我会感到很孤独，我就会很痛苦，而这是我所介意的。我想了想，我最大的恐惧之一是无法照顾自己，孤独地死去。"

在美国存在着一种孤独的流行病，影响着数百万的男性和男孩。美国卫生局局长维韦克·穆西（Vivek Murthy）称孤独是对于公共健康最常见的威胁。穆西博士在《哈佛商业评论》（*Harvard Business Review*）上发表的文章指出："与世隔绝或社会联系薄弱与寿命缩短是有关的，类似于每天抽 15 支烟所导致的寿命缩短，甚至比肥胖引发的寿命缩短更严重。"

看起来，孤独实际上增加了我们对身体和情绪问题的易感性，如心血管疾病、痴呆、抑郁和焦虑。2005 年，澳大利亚老龄化纵向研究发现，友谊使人的预期寿命增加了 22%。事实证明，友谊对寿命延长的积极影响甚至超过了家庭关系。

孤独也给男性带来困惑。一方面,孤独的感觉很难受。另一方面,男性不应该表达痛苦、抱怨或展现需求。毕竟,禁锢的男性气质的核心价值是自给自足:不需要任何人或任何其他东西。像罗伊这样的男人们默默忍受着孤独的折磨,同时还要试图说服自己孤独并不要紧。罗伊感到孤独,同时他的生活质量也降低了。正如美国卫生局局长所建议的,友谊、陪伴和亲密关系给我们带来了巨大的好处。用诗意的语言来说,联结为生命插上了翅膀。

这些翅膀越来越重要。在 21 世纪,联结对于男性过上充实的生活来说至关重要。培养社会关系以及一种我们相互依存的意识,对男性在个人关系、组织和社会中的发展越发重要。联结将男性从孤独和短视中解放出来,并提供机会让他们成长,去深入理解世界,并与世界建立亲密的关系。简单地说,联结提供了在家庭、工作和娱乐中发展繁荣的力量。

致命的孤立

如果你没有亲密的朋友一起玩,你怎么能玩得起来?埃德在一次与罗伊的心理治疗中,问罗伊是否有最好的朋友。罗伊回答说:"我有,是斯坦。我已经认识斯坦 25 年了。我偶尔会见他,但我们总是在新年前后和彼此交谈。这是一种我们似乎总能从中断的地方重新开始的关系。我期待着我们的年度电话。"

遗憾的是,罗伊很少和他最好的朋友互动。

第 5 章 疗愈孤独，拥抱创造力：联结的解放力量

我们生来需要建立关系。对于人与人之间联结的需要已经融入我们的心灵。联结超越了性别，是原型性的。无论我们将什么样的群体差异加诸他人，联结都是存在的。然而，不知为何，男性常常无法理解这一事实；相反地，他们延续了这样的信念，即真正的男人是独立和自给自足的。事实是，那些选择将自己与他人隔开的男性正在进行着情感上的自杀。

而当我们的文化鼓励男性坚忍克己、减少感受时，我们的文化就在协助这种自杀。在一个拥有如此巨大的财富和创新力的社会中，我们很少尊重我们共同的情感需求，尤其是发展有意义的人际关系的技能。禁锢的男性气质的一系列信念是推动这种破坏性理念的最强大的引擎之一。它剥夺了男性从亲密的联结中获得慰藉的机会。

男性本可以使用这种慰藉。2018 年独居男性的比例是 1970 年的两倍，而且数百万男性的孤立正在导致绝望和死亡。一项研究发现，拥有许多密切关系的中年男性每年可以承受 3 次或更多次的强烈压力事件，如离婚、财务问题或被解雇，不过，这些事件不会提高他们的死亡率。然而，这种压力水平会使社交隔离的中年男性的死亡率上升两倍。简言之，禁锢的男性气质正在杀死男性。但由于他们形单影只，他们的孤独和孤立往往不被看见。

一位父亲的衰退的友谊

埃德·弗朗汉姆的父亲在友谊方面深受禁锢的男性气质之苦。埃德分享了这个故事：

我在纽约州的布法罗长大，在那里见证了我爸爸享有的许多亲密的友谊。有些可以追溯到他的童年，比如彼得和克劳迪娅，他们结婚后住在离我们不远的街上。但随着我爸爸因为他的新工作或者我母亲的新工作搬去全国不同的地方，这些友谊就逐渐弱化了。

到我爸爸60多岁的时候，他把我妈妈玛蒂当作他唯一需要的朋友。但自从2014年我妈妈去世后，我爸爸在友谊方面的局限性就变得很明显了。他把没有我妈妈的生活描述为"空虚"。他搬到了明尼苏达州圣保罗市，我哥哥家附近，但他的社交生活并没有扩展到他自己的3个孩子和几个商业伙伴之外。他一直在与孤独作斗争。

"我也许已经丧失了结交新朋友的能力。"我爸爸告诉我。

在我爸爸的一生中，他打破了一些传统男性气质的惯例。例如，随着我妈妈教育事业的发展，他愿意与她互换养家糊口和操持家务的角色。但在她去世后，我爸爸又把自己的价值与银行账户的余额画上了等号。近年来，尽管他试图通过做来福车（Lyft）司机来挣钱谋生，但经济上

第 5 章 疗愈孤独，拥抱创造力：联结的解放力量

的缺乏成功阻碍了他和老朋友建立联系。

"我梦见过我又和彼得以及克劳迪娅在一起，想知道他们过得怎么样，"他告诉我，"同时，我一直都担心，如果我再次与他们联系，我会让他们伤心，因为他们会知道我堕落到了什么程度。"

"堕落，从何说起？"我问我爸爸。

"没有你妈妈，没有玛蒂，我的经济状况非常差。我的生活和以前完全不同。我担心，如果我与像彼得和克劳迪娅这样的人交谈，我就不得不承认这就是我的生活状态。"

我父亲感受到的羞耻感部分源自禁锢的男性气质中的一种长期存在的信条：做一个供养者，并且赚很多钱来证明你的价值。但经济和人口的变化使这越来越成为一种束缚。我爸爸现在住在离布法罗的老朋友们很远的地方，这使他更容易脱离他们。而且在我们新兴的"零工"经济中，他正经历着赚取一份体面、稳定的薪水的困难。这一切造就了一个孤独、不快乐的男人，并且他的儿子也因爸爸的痛苦而悲伤。

注：应埃德·弗朗汉姆父亲的要求，文中父亲朋友的名字均为化名。

心理健康专家诊断并治疗患有不同程度的抑郁症、焦虑症、恐惧症、成瘾和破坏性行为的男性和女性。这些状况的背后往往

是虐待、缺乏目标、缺乏归属感、害怕被拒绝和羞耻感，或认为自己在情感上受到了伤害。所有这些状况通常都有一个基本因素：没有以有意义的方式与他人建立亲密的关系。这种失败可能发生在婚姻、恋爱关系、友谊和工作环境中。不幸的是，断开联系并不仅仅发生在我们的人际关系中。我们也可能与其他生物以及地球失去联结。联结并不是指共享同一个房间、建筑或星球。当我们环顾四周，看见并欢迎我们与万物的相互依存关系时，联结就发生了。

紧密的联结

在 2010 年的一次 TED 演讲中，布芮尼·布朗博士将联结定义为"存在于人们之间的能量，出现在当人们感到被看见、被听到和被重视时，当他们可以不加评判地给予和接受时，当他们从这种关系中获得支持和力量时。"

与他人的亲密关系是生命中最珍贵的礼物之一。然而，许多男性害怕、回避或抑制对于亲密的表达，或者他们依赖性爱作为表达亲密的主要方式。当亲密的定义很狭隘时，重要的情感关系就会被斩断。然而，只要我们花一点时间和努力，亲密感就能得到进一步发展。亲密是一个男人拥抱他的伴侣并轻声说"我爱你"，或者是一位父亲趴在地板上和他的孩子们玩耍。当男性与其他男性分享内心的冲突或困惑时，这其实也是一种亲密。

第5章 疗愈孤独，拥抱创造力：联结的解放力量

亲密使情感上的脆弱成为必然。但生活中又有什么重要且具有创造性的行为是不需要某种程度的脆弱性的呢？如果你尝试一种新的食谱或尝试更换轮胎，难道不存在一些失败或不胜任的风险？要变得更善于表达亲密，需要练习。但是，那些通过允许自己变得脆弱而更深入地进入亲密关系的男性很快就会发现回报远超风险。亲密的关系创造了深刻而令人满足的联结，填补了我们内心深处痛苦的空虚。

如前所述，亲密的联结和人际关系对提高生活满意度至关重要，但亲密的联结并不局限于人。我们大多数人都见证或经历过我们与宠物之间发展出的深刻的亲密关系，以及我们在失去它们时可能感受到的强烈悲痛与哀伤。这种亲密是由共同的经历、相互的关心和许多身体接触的时刻所创造的。动物们不仅会在我们的腿上爬来爬去，而且会深入我们的想象中。这是一种从信任、爱、温柔和笑容中生发出来的亲密。当我们失去亲密联结的来源时，我们会非常痛苦，因为联结触及我们的灵魂。

与自然的联结

这种情况也延伸到我们与人和动物的关系之外。我们与地球的联结是必不可少的。任何人或动物如果想要生存和发展，就需要与地球之间的亲密关系，我们必须照顾好这种关系。当我们与环境关联起来、理解我们与自然之间紧密的相互依存关系时，我

们就会成为我们这个小小星球更好的守护者。这转而增加了这个星球存活下来的可能性。但如果我们拒绝与地球保持亲密,这种断绝联结就是另一种形式的自杀。

禁锢的男性气质妨碍了与生命的亲密联结,威胁着所有的生命体。当一个男人忽视了他对联结、目的和意义的渴望时,他可能会变得身体虚弱或情感软弱,因为他的灵魂在空虚地运转着。一个男人的灵魂渴望着意义,渴望过一种对自己和他人都有积极影响的生活。

然而,解放的男性气质会让男性敞开心扉,并鼓励他们在所有关系中建立亲密的联结。扩展的男子气概导向一种对我们人性更充分的表达,这会带来巨大的回报。疗愈我们的孤独和孤立的方法在于培养富有同理心的思维方式,并且与他人以及我们的自然环境建立有意义的亲密联结。

但男性似乎觉得,除非有一些任务或议程需要完成,否则很难与其他男性建立联系。一个男人"仅仅为了聊天"而打电话或邀请另一个男人共进午餐,这并不常见。男性倾向于在一些活动的过程中与其他男性建立联系,比如运动、修车、专业会议或夫妻参与的社交活动。一旦一个男人结婚并投身于家庭,他和其他男人的友谊往往会被视为不重要的,或是需要被安排到工作日程和家庭事务的间隙时间。

第 5 章　疗愈孤独，拥抱创造力：　联结的解放力量

联结困难

男性回避与其他男性的紧密联结有很多原因。首先，他们似乎遵循着这样一条规则："如果你和我不一样，我就会对你感到恐惧、充满敌意。"这些针对多元表达的信念和反应是禁锢的男性气质的标志。因此，男性往往会过度泛化，回避和其他男性表明感受或谈论更深层次的情感。事实上，埃德·亚当斯遇到过一些男人，他们一生中从未向任何其他男人表达过亲密的感情。

然而，早期美国的文化珍视男性之间持久而亲密的友谊。正如历史学家理查德·戈德比尔（Richard Godbeer）所言："早期的美国人认为，社会的结构和福祉是由个人关系的动力和基调决定的，尤其是家庭成员之间的关系，以及视对方为亲人的亲密好友之间的关系。"有很多男性之间的亲密的感谢信和深刻的情感表达表明"男性化的"行为是随着社会演化过程变化的。当男性与男性之间的关系遭到恐惧和忽视时，我们都会有所损失。正如同理心一样，联结不应该被掩盖在评判和回避之下。

联结或不联结

达斯蒂·阿劳霍（Dusty Araujo）本人就是一个鲜活的例子，展现了与他人接触如何带来一种更丰富的生活。这位 71 岁的老人出生在巴拿马。他说他曾非常以自我为中心，直到 30 年前他

和他的前伴侣收养了两个孩子。照顾儿子和女儿的责任使他的视角发生了转变。这让他在非营利组织和活动团体中从事了一系列工作，包括他目前在旧金山艾滋病基金会的工作。他的背包上有一个徽章，上面是"我们"一词支撑着"我"字。

"有了孩子，我就把注意力放在了自己之外。"达斯蒂说，"这使我意识到，你不能把你的生活仅仅建立在你个人身上。你需要专注于别的方向。"

尽管如此，有些男性还是以孤立为荣。当孤立被视为自给自足、独立和有男子气概时，就会出现这种情况。这些人为他们对孤立的偏好作出解释，声称独处更为容易，要求更少，而且没有义务。某些渴望友谊的男性不知道如何去交朋友。一名男子告诉埃德·亚当斯："你不可能通过上网找到一个最好的朋友。"而由于结交男性朋友很困难，一些男性回避与他人联系，因为这会制造焦虑。

可以这么认为，迈向解放的男性气质需要在采取建设性行动的同时，保持各种积极和消极的情绪。这就像一辆里面载着十几个小丑的微型小丑车。为了扩大你的社交网络和发展友谊，你必须携带着焦虑、怀疑、兴奋、对被拒绝的恐惧、不适感、不可预期性和社交尴尬一起前进。简言之，当你把这些感觉带在身边时，你更有可能建立起社交关系，而不是等着它们消失，然后采取行动。每个第一次参加"男性指导男性"（M3）小组的男士都会体验到这些感觉中的全部或者是相当一部分。胜利在于出席。然后，在一两次会面后，这些焦虑大多会消散。

第5章 疗愈孤独，拥抱创造力：联结的解放力量

男性间的友情之爱

埃德·亚当斯回忆起一次很特别的会面，这次会面成了M3 30年历史上的一个转折点。在为期3年的时间里，一个由15~20名男士组成的小组每隔一周会在一起聚会。大多数参与者都在情感上感到安全，可以在其他男士面前自我表露那些最私密的事情。然后，一名成员描述了他是如何听从小组的建议，以及这个建议是如何帮助他解决了生活中一个特别困难的问题的。他说："我想让你们所有人知道，你们对我有多重要，你们给了我多大的帮助。我想感谢你们，我啊……啊……你们。我是说我……我……"然后另一位男士说："爱你们吗？"大家都笑了。第一位男士说："是的，我爱你们。"男士们知道这不是一种浪漫之爱，而是一种"友情"之爱——一种由欣赏、感恩、同理心和联结组成的兄弟之爱。这位男士当时并不知道，但他已经激活了恐同症的相反面，同时让每个参与其中的人都转而更深入地体验解放的男性气质。

实际上，与他人的联结有利于你的健康和整体的幸福，也有利于社会。我们的祖先深知这一点，他们关注那些重要的、内在深处的东西。

很难找到可以显示社会联系对健康有害的研究。这是因为我们对联结的需求是编码进我们的DNA中的。对联结的恐惧是习得的。在当今世界，尽管社交媒体无处不在，但我们似乎更容易被孤立。正如前面所说，疗愈孤独和孤立的解药不仅在于对它的认知，还在于通过行动去创造和加深关系。改变需要行动。带上

你所有的怀疑和恐惧搭乘上生活的小丑车，打开点火开关，去建立联结，让亲密产生。

工作中的联结

这个建议包括在工作中建立联结和亲密关系。如果你这样做的话，你就有可能快速前进，并应对道路上加速到来的碰撞。但如果你不与他人深入联系，你可能就会发现自己被抛在了后面。你可能会发现自己被当前雇主踢下了车，并很难再搭上另一辆车。

简单地说，联结的技能是新兴经济中的关键业务技能。我们将在下一章中对此进行详细介绍。但主旨是，更快的变化速度、增长的人口多样性以及技术进步都在使职场中那些僵化、冷漠和孤立的男性处于不利的位置。想要在工作中取得成功的男性需要摆脱那种禁锢的男性气质，转而采用灵活、温暖和协作的解放的男性气质模式。这并不是说男性应该放弃独立的工作、冷静的分析和有原则的立场，但这些因素必须与情感上更开放的心态以及建立更深入联结的能力相协调。

与生活的联结

利奥·巴斯卡利亚（Leo Buscaglia）是一位教育家，也是许多励志书籍的作者，他被认为是"生活的啦啦队长"。巴斯卡利

第 5 章　疗愈孤独，拥抱创造力：联结的解放力量

亚曾说，如果你感到厌烦，那就意味着你自己是令人厌烦的。埃德·亚当斯是在他人生中很有压力的一段时间听到这些话的，所以他觉得很难接受。事实上，他非常厌烦他自己。几个月来，他全神贯注于完成他的论文，他认为这是生命中唯一重要的事情。论文完成后，埃德的生活就变得空虚和漫无目的。他很反感别人说他与这种普遍的、不舒服的感觉有关系。最终，尽管埃德有抵触情绪，他还是意识到了巴斯卡利亚的智慧，并终于承认他正在把自己"闷死"。"我的灵魂在藤蔓上枯萎。"埃德回忆说。

埃德决定不再使自己厌烦。他带着好奇心和有挑战性的问题开始了这段旅程。我真正关心的是什么？哪些活动激发我的想象力？我害怕什么？我觉得谁有趣，以及为什么？我的厌烦情绪想要我怎么样？

他开始注意到，这些问题的每个回答都包含一个主要因素——联结。扩展生活涉及与他人建立更深入、更广泛的联系，因为这些联系带来了无限的体验和可能性。

当我们加深自己与他人以及周围一切的创造性联结时，我们就展现出了解放的男性气质。深化我们与生活之间联结的一种方式是，在关系、职业和生活兴趣中应用以下 5 个步骤。这些步骤会帮助我们过上一种更紧密联结、更亲密、更具创造力的生活。

1. 被生活本来的样子所吸引，而不是只关注你希望它成为的样子。要知道，你是一个足以好好生活、发展爱、走向繁荣的男人。

2. 准备好迎接生活的各种可能性，让你喜欢的地方和事物成为你关注的焦点。

3. 深入了解自己的人际关系、兴趣、技能和人生选择。成为某个主题的专家。

4. 为你的人际关系和兴趣注入新的活力。

5. 保护和加强你创造的一切，帮助它们成长。

这 5 个步骤是相互关联的。例如，如果你对生活没有热情，那么其他 4 个步骤就会停止。如果你充满热情和兴奋，但你不去冒险或深入探索你的想法、项目、关系和技能，那么你之前的努力将没有任何成果可言。如果你完成了前 4 个步骤，但没有供给、保护、加强和培育你所创造的东西，它很可能会瓦解。

在本章开头，我们讲述了罗伊被孤立的体验。罗伊对埃德来说是一个治疗挑战，因为罗伊相信自己是永远孤独的，他的命运是注定的。由于这些信念，罗伊拒绝作出改变。幸运的是，他和一位在交友网站上结识的女士共进了午餐，这位女士看到了罗伊的内心世界。他们开始约会，并最终搬到了一起。

罗伊结识了新朋友，加入了 M3，并对摄影产生了兴趣。尽管罗伊是一个内向的人，但他不再孤独。埃德在治疗中多次见证了罗伊的孤独和渴望，现在埃德看到罗伊带着欢乐的笑容与人融洽相处，这一现实是无价的。

思考和行动

好奇心：你是否有想进一步了解的人？与那个人建立联系，一起做一些事情。

勇气：联结需要勇气。列出所有你害怕或担心的事情，想象将所有这些都堆进你的情绪"小丑车"里，然后采取行动，建立联系。

同理心：在看待你和其他男性的联结时，要对自己温和而有同理心。我们的文化使发展男性友谊变得困难和具有挑战性。与其自责，不如欣赏你所作出的努力。

联结：联结会向下生根。这意味着，如果你更友善、在情感上慷慨，并投入其中，你就可以加固现有关系的根基。试着和你已经建立联系的人一起跨越你通常的舒适圈。

承诺：找到一位男性或一群男性，你可以和他们重新学习如何变得有趣、充满信任和善于自我表露。向自己保证，你不会忽视或边缘化男性的陪伴。

第6章

新的故事：在工作中重塑男性气质

第6章 新的故事：在工作中重塑男性气质

禁锢的男性气质在工作中不再有效。有关这一点，只需要问问特拉维斯·马什（Travis Marsh）就知道了。

特拉维斯从小就有着许多传统男性的信念和行为。他雄心勃勃、成就卓越、充满自信。这些特质本身并非有害的，但它们混杂进了以自我为中心及对同伴整体福祉的漠不关心。在特拉维斯追求事业的过程中，这种禁锢的男性气质组合被证明是有害的。

2004年，特拉维斯从佛罗里达大学机械工程专业毕业后，在得克萨斯州奥斯汀市的美国国家仪器公司（National Instruments）找到了一份工作。他起初做得很好，在短短4年内从一个支持性角色晋升为销售工程师，又晋升为一名销售经理。最近一次晋升使他在快30岁时执掌了一支8人团队。当他担任这个角色时，他使用了一种大致符合他的男性气质的方式来管理员工——一种专制、控制、冷酷的风格。

这些并不是特拉维斯用的词。相反，他借用了一个广泛使用的委婉说法，指代不断检查他的下属在做什么事以及是怎么做事的。"我称为'可见性'，"特拉维斯说，"但这其实是微观管理。"

他没有工作与生活保持平衡的观念，并期望他的团队像他一样长时间工作。尽管他头头是道地说支持下属的发展，但在他自己赢得销售奖项和攀登公司晋升阶梯的目标面前，下属的成功被他置于次要位置。

"我希望他们能够成功，"特拉维斯回忆道，"但我对成功的定义很狭隘——而成功对我来说很重要。"

在这种"以我为先"的视角、对目标的执着和自上而下的领导模式下，特拉维斯的晋升道路碰了壁。他的团队落后于目标，并朝着错误的方向前进。尽管他们在一个快速增长的细分市场中销售产品，而且他的团队中有几位成员很有前途，被选中参加一个领导力发展项目，但情况依然不容乐观。

特拉维斯的麻烦——工作中禁锢的男性气质

特拉维斯的问题是什么？一方面，独断专行的风格长期以来导致员工意志消沉以及业绩平庸。另一方面，特拉维斯的领导方式也与他团队中的年轻人想要的工作方式背道而驰。他们中的大多数人都是千禧一代，这一代人在成长和受教育的过程中对自己

第6章 新的故事：在工作中重塑男性气质

的所作所为有发言权。千禧一代也倾向于将有意义的生活置于工作之上，并常常愿意放弃晋升机会，转而去追求个人的热情和人际关系。通过规定他的年轻团队应该如何完成他们的工作，并强迫他们工作到几乎无法忍受的时间，特拉维斯扼杀了他们的士气和创造力。结果是，特拉维斯没能达成销售目标，而且几乎赶走了他的员工。

"他们不仅不投入眼前的工作，"他回忆说，"而且积极地寻找其他地方的新工作机会。"

特拉维斯的故事讲述的是一种过时的男性气质。禁锢的男性气质以其斯多葛主义、僵化的观点和孤立的状态，不再服务于男性个体以及我们的组织。商业环境正在发生变化，我们需要以一种不同的方式来做一个男人并协力完成工作。

尽管在我们的流行文化中，关于男性是否变得过于软弱的争论一直盛行着，但在组织世界中已经形成了一种心照不宣的共识——今天，软技能就是成功技能。同理心和联结，以及它们的相关品质，如合作、沟通、共情和慷慨，对于个人和团队效率已经变得至关重要。好奇心需要脆弱性，它在一个需要不断学习和更加灵活的经济中也是必不可少的。换言之，当今需要的是一种解放的男性气质。

男性正在响应这一召唤。许多职业、行业和国家的男性正在指明前进的方向，引领性的组织也是如此。从专业运动队到科技公司再到建筑公司，先进的组织正在摒弃过时的、贬低人的、机器般的管理方式，它们正在培育更高效能、以人为本、有活力的文化。事实上，男性正在努力重塑工作中的男性气质，而且这些努力正在发挥作用。

良好的体育精神

在最看重杰出表现的行业之一——职业体育中，对男性气质的重塑正在发生。

男性职业运动员和教练是迈向解放的男性气质的先锋之一。乍一看，这可能令人惊讶。如果说解放的男性气质是抑制竞争且支持合作的，那么对于争冠的团队来说，这种气质又是如何起作用的呢？事实证明，运动团队正在听取关于组织成功的最新科学见解——与推动整个商业世界拥抱同理心、分散权力和共享目标的见解一致。运动员、教练和老板也在向当今的体育引领者学习，他们展示了一种不同于以往男性运动员偶像的男性气质。

请查看后面的部分，看看像汤姆·布雷迪（Tom Brady）、史蒂夫·科尔和斯蒂芬·库里（Stephen Curry）这样的男性是如何展示同理心和联结的力量及快乐的。

第6章 新的故事：在工作中重塑男性气质

本章记录了21世纪在工作中正在发生的变化。它解释了禁锢的男性气质如何不匹配新出现的环境，这既因为它不能为男性在今天的发展作好准备，也因为它使他们无法看到我们共同的经济问题的积极解决方案。本章将展示，解放的男性气质为作为个体的男性、为我们的组织以及为我们整个全球社会，在工作中提供了一条充满希望的道路。

对职业世界的观察和促进

我非常了解工作变化的方式，我自己也从事对工作的研究。20年来，我一直是一名专注于工作、商业和技术的记者。在过去的6年里，我一直在卓越职场研究所担任作家和研究员，这是一家拥有职场文化专业知识的全球咨询公司。我们最著名的是进行《财富》杂志一年一度公布的"最佳雇主100强榜单"背后的分析。

在卓越职场研究所，我能够研究世界上最优秀的组织。我们匿名的员工调查结果显示，在这些顶级组织中，人们信任领导者、为自己的工作感到自豪，并能感受到友情。我和几位同事共同撰写了2018年出版的《适合所有人工作的好地方：对企业更好，对人更好，对世界更好》一书，其中包括了我对巴西、印度和意大利等国家从高管到一线员工的采访。

此外，我在2018年联合创立了青色团队，这个小组致力于帮助组织变成更加民主、目的导向、充满灵魂的地方。我在后面会分享更多关于这个小组的信息。

我从观察和宣传优秀职场的过程中学到的一个经验是，工作对男性很重要。总的来说，男性都想从事一份好工作，而且他们希望自己的工作不仅仅是为了获得薪酬。作家斯塔兹·特克尔（Studs Turkel）在他的《工作》（*Working*）一书中说得很对："工作是为了寻找每日的意义以及获得每日的面包，为了认可以及金钱，为了惊奇而不是麻木；总之，是为了一种生活，而不是为了一种从周一贯穿至周五的死亡。"

团队中没有"我"

你有没有注意到，在过去的几十年里，赢得职业体育比赛的队伍都是特别有团队精神的队伍？诚然，团队合作和为了团队的利益而牺牲个人的成功对团队运动一直很重要。但在20世纪的大部分时间里，人们的注意力都集中在明星球员身上，而他们身边恰好环绕着一些次要的"配角"球员。想想像贝比·鲁斯（Babe Ruth）、乔·蒙塔纳（Joe Montana）和迈克尔·乔丹（Michael Jordan）这样的偶像。

不过，领先的运动团队正越来越重视所有运动员之间的联结。他们寻求在球场外培养人际关系，以优化球场上的表现。这些团队发现，整体要远远大于部分的总和。棒

第6章 新的故事：在工作中重塑男性气质

球界的旧金山巨人队、橄榄球界的新英格兰爱国者队和篮球界的圣安东尼奥马刺队都是如此。

这些冠军球队的做法很突出，如团队聚餐、教练席上激励彼此的小仪式，以及表达兄弟之情。

想想爱国者队的四分卫汤姆·布雷迪在赢得他创纪录的第6枚超级碗（Super Bowl）戒指后立即做了什么。布雷迪没有在意电视摄像机的聚光灯，而是找到并拥抱了身边的伙伴，包括一名对手球员。他一遍又一遍地说着"我爱你"，以一种柔软、脆弱的方式将人际关系置于个人荣誉之上，这与布雷迪问候每一位加入爱国者队的新队友的谦逊习惯是一致的。尽管他是联盟中最著名的球员，但他介绍自己时总是说："嗨，我是汤姆·布雷迪。"

实际上，布雷迪和其他当今的体育领军人物都认识到，禁锢的男性气质将深度联结和谦逊排除在外，它是一种失败的策略。

这些优雅的话语符合我对全球各地男性的观察。我和印度的一位酒店礼宾部人员交谈过，他曾亲自长途跋涉数百公里，向一位客人归还了遗落在酒店的身份证件。我曾写过秘鲁保安的故事，他们将自己的职业从地位低下的角色转变为有荣誉感、正直和俏皮的角色，并拍摄了一个时髦的音乐视频。我曾与一位美国高管杰夫·格林（Jeff Green）交谈，他通过解雇一位对其团队态度恶劣的经理来维护员工的尊严，尽管这位经理自己取得了很好的业绩。

广告技术公司萃弈（The Trade Desk）的首席执行官格林说："这是我所经历的最艰难的对话之一。"但是，格林将其拥有 900 名员工的公司视为一个紧密的家庭，基于这一愿景，他作出了这个艰难的决定。"我们正在建造的是一个家，"他告诉我，"这是我们生活的地方。这也是我们想长期相处下去的地方。"

工作中禁锢的男性气质

尽管有这些暖心的佳话，但职场的历史在很多方面都是令人痛心的。它充斥着剥削、人类潜能的浪费和对环境的破坏。这个残酷的状况很大程度上与禁锢的男性气质有关。

毕竟，几个世纪以来，我们的组织在很大程度上反映了一种传统的、禁锢的男性气质。公司具有严格的层级结构，领导力被定义为一种命令和控制的方式。那些高层通常是男性，他们建立了崇尚效率的竞争文化。情绪几乎是被禁止的，员工们经常为了更高的权力地位而相互竞争。总的来说，资本主义公司的目标与禁锢的男性的目标是一致的——以对人或地球最小的关注，换取最大的利润和权力（通常被定义为市场份额）。

公平来说，这些组织创造了巨大的财富，并创造了提高人类福祉的产品和技术。他们建造了高耸的大教堂，将人类送上月球，

第6章 新的故事：在工作中重塑男性气质

并制造了驱动人工智能日益发展的微型计算机芯片。

但是在创造不可思议的机器时取得的所有进步都是有代价的。职场本身将人视为机器，几乎没有容纳我们人性的空间。几个世纪以来，人们一直在谴责工业资本主义公司的非人性化、有辱人格的特点。20世纪80年代的摇滚乐队警察乐队（The Police）在他们的歌曲《同步Ⅱ》（$Synchronicity\ II$）中揭示了这一点，这首歌哀叹了一名郊区公司员工的生活："每次与他所谓的上司会面都是一次羞辱。"

这些问题随着经济转向信息时代仍一直存在。只有大约1/3的美国员工投入地工作，当环顾世界范围内的员工时，这个数字下降到大约15%。实际上，全球的大部分组织对在其中工作的人来说都是死气沉沉的地方。

少赚点钱的男性气质

值得庆幸的是，"军队将领"式的首席执行官、呆板的环境、孤立和不负责任的企业正在走向终结。简单地说，在21世纪，禁锢的男性气质越来越没有意义，也越来越没有价值。

在工业时代，操作工厂设备的男性和女性被视为没思想的齿轮，被视为工蚁，尚且具有一定的道理。但今天的情况截然相反。随着我们进入一个数字化颠覆和先进机器人的时代，人类的创造力、激情和协作精神等品质越来越重要，因为组织的目标是不断创新，适应快速变化的市场条件，并为客户提供个性化、令人难忘的体验。

随着商业环境变得更扁平化、更快速、更注重公平，传统组织面临的风险日益增加。组织所面临的挑战是要变得更多样化和包容，更适应其社会和环境的需求，更愿意分配权力，更有能力感知和应对新出现的信号。这些要求转而使专制的管理系统处于不利的位置。事实证明，在一个更快速、更复杂的商业竞技场中，自上而下的结构是过于缓慢的。

换言之，老板们发号施令的禁锢的男性气质风格将不得不让位于可以提供总体方向的行事方式。领导者需要专注于描绘全局，将员工与目标联系起来，并相信员工可以作出好的决定和产生好的想法。

目前，普通美国公司的运作只发挥出了一小部分的创新和成长潜力。在卓越职场研究所，我和我的同事们了解到，在美国，每6名几乎没有创新机会的员工对应的仅仅是2名可以在工作中获得较多创新机会的员工。卓越职场研究所还发现，在发明和敏捷性方面遥遥领先的组织，如计算机芯片制造商英伟达（Nvidia）和连锁超市韦格曼斯（Wegmans），它们的运行更像是一群鸟或一群鱼，而不是有一个僵化的、老板居于高位的金字塔管理层结构。它们正在摆脱一种类似于禁锢的男性气质的商业模式。

第6章 新的故事：在工作中重塑男性气质

禁锢的钢铁侠

毫不意外，其他公司正在追随英伟达和韦格曼斯等创新领袖，而这种转型对于受传统男性规则束缚的男性来说是困难的。这些男性中的许多人，尤其是担任领导职务的人，都试图在工作中成为超人。他们的目标是成为强壮、自信、几乎无可匹敌的人，并且能够凭借一己之力挽救局面。但是，当男性效仿超级英雄时，他们的行为方式往往不再能服务于他们自身——情绪冷漠、过度竞争、充满攻击性、孤立无援。

来看本章前面提到的特拉维斯的例子。作为一名年轻的经理，他一直尝试做好所有的事情。但他的粗暴和野心，以及他对团队的付出和工作生活平衡的忽视，让他成为一名可怕的管理者。"我是一个世界级的混蛋。"他在回首时承认。

尽管特拉维斯有良好的意图，但还是出现了这种情况。他想成为团队出色的领导者，但他在成长过程中所吸纳的禁锢的男性气质规范成了他的拦路虎。这些规范关乎上级和下级，关乎上位者对下属下达的命令，关乎服从。"我甚至没有意识到这些是我正在内化的规范，"特拉维斯说，"我支持关注营造一个包容的环境。我只是不知道如何在做到这一点的同时取得成果。"

特拉维斯当时不明白的是，如今最好的结果不是来自英雄般的领导者，而是来自高效的团队。当下，工作正成为一项团队运动。最具创新性的发现和最灵活的运作要求我们打破组织中的孤岛,将具有不同观点和才能的人聚集在一起。这意味着合作和说服比展现个人的优势更有成效。

谷歌(Google)是21世纪最成功的公司之一,其团队成功的关键在于"心理安全"。现如今,最好的结果产生自关爱,而不是恐吓。

在工作中从禁锢到扩展

思考一下新兴的职场成功人士的面貌。长期以来,情商和自我觉察对领导者来说确实是更为重要的,因为他们担任着更高级别的职位。但随着软技能重要性的日益彰显,越来越多的公司正在希望领导者和一线员工都能具备脆弱性、共情能力和倾听能力。

组织也在寻求慷慨的精神。学者亚当·格兰特(Adam Grant)发现,如今表现最好的往往是给予多于索取的人。最成功的"给予者"表现不仅胜过"索取者",也胜过"互利者",即那些在受到别人帮助时才会回馈的人。格兰特写道:"奉献者的成功在某种程度上会产生连锁反应,促进他们周围人的成功。"

另一个新出现的要求是对与不同背景的人合作的敏感性,以及对自己的特权和偏见的觉察。尽管几十年来,人们一直期望男性和女性公平地对待对方、相互尊重,但现在这些期望变得更加强烈了。真正的职场平等越来越多地被视为不仅仅是一种正确的

第6章 新的故事：在工作中重塑男性气质

做法，而且会带来更好的想法和决策，从而推动达成商业成果。

人人为我，我为人人

本书作者之一埃德·亚当斯的母校是位于俄亥俄州辛辛那提的泽维尔大学。他们学校的吉祥物是"火枪手"，校训是"人人为我，我为人人"。在新兴的商业世界中，《三个火枪手》（Three Musketeers）的口号被证明是成功的秘诀。

我和我的同事们在卓越职场研究所发现，那些为所有员工（无论他们是谁或为公司做了什么）创造最持久的积极体验的组织，在竞争中遥遥领先。那些被授予"最佳雇主"称号的组织，其收益增长是包容度较低的对手的3倍。[1]

在工作中取得成功的新方法在"适合所有人的领导者"这一理念中得到了体现。我和我的同事们在卓越职场研究所对1万名管理者和7.5万名员工进行研究的过程中提出了这个术语。我们发现，那些最有效、最具包容性的领导者，即我们称为"适合所有人的领导者"的人，具有一些特质，如谦逊、与团队成员建立信任关系的能力，以及专注于更大的目标而不是眼前的结果等。

---

[1] 参见迈克尔·布什（Michael Bush）和卓越职场研究所撰写的《适合所有人工作的好地方：对企业更好，对人更好，对世界更好》一书。

这与禁锢的男性气质所提倡的那种好斗、逞强和斯多葛主义截然不同。

谦逊、快乐的勇士

彼此之间的情感、弱化的自我和共同的目标决定了金州勇士篮球队的高度成功。这支球队的冠军之路始于主教练史蒂夫·科尔的带领。科尔曾在圣安东尼奥马刺队主教练格雷格·波波维奇（Gregg Popovich）手下效力，他创造了一套团队价值观，包含同理心、竞争、快乐和专注。有了这些指导原则，勇士队将团队合作提升到了另一个层次。

当然，球队拥有着斯蒂芬·库里和凯文·杜兰特（Kevin Durant）这样的超级明星得分手。但他们也因在联赛中贡献最多的助攻而脱颖而出——这是一种合作、无私的表现，让队伍得以轻松得分。他们在团队防守中也表现出了彼此间的沟通和觉察，一位评论员这样描述他们："他们是绑在一起的。你可以把防守中的勇士队想象成5名瑞士登山者，他们按照精心计算好的节奏移动着。"

这种程度的合作需要克制自我。事实上，当球队签约杜兰特时，斯蒂芬·库里把自己的骄傲放在了一边，这一

第 6 章 新的故事：在工作中重塑男性气质

举动使球队连续地夺冠。"无论是你赢得 MVP（最有价值球员）还是我赢得 MVP，那都不重要，"库里在短信中告诉杜兰特，"关键是，我们正在努力赢得总冠军。如果你赢得了 MVP，我会坐在新闻发布会的第一排为你鼓掌。"

昔日的超级明星和球队更多是被愤愤不平、自我和愤怒所驱动。迈克尔·乔丹面带怒容，就像芝加哥公牛队标志上的那个表情。但现如今领先的球队越来越多地呈现微笑和欢笑，他们讲述的是斯蒂芬·库里那令人目眩的抖肩热舞。

事实上，在今天的体育运动中，联结的乐趣与积极的结果是息息相关的。与亲密的队友们一起放松地打球，这种自由和释放带来了成功。正如一位体育作家对勇士队的评价："快乐是一种武器，是取胜必不可少的要素。他们的快乐意味着你的落败。"

在现在这个提倡灵活、温暖和联结的职场环境中，禁锢的男性却常常是僵硬、冷漠和孤立的。越来越多的情况是，那些试图在新兴的职场中遵循禁锢的男性气质规则的男性，发现自己无法融入其中。许多人艰难地行进着，有些人正在被淘汰。

令禁锢的男性感到混乱、挫败的经济

禁锢的男性不仅在当今的组织中举步维艰,他们也在我们更广泛的经济中体验到了混乱和挫败。全球化、自动化的趋势导致了职业不安全感、个人财务不稳定和整体经济不平等的加剧。受过较少正规教育的男性尤其感受到了这些力量的巨大冲击。制造业的工作岗位已经转移到海外或被机器人所取代。美国和英国等发达国家的整个社会都感到他们的经济基础受到动摇,阿片类药物成瘾等社会问题日益严重。

此外,还有些变化对于受"男性的工作"这一传统观念束缚的男性来说,像是一种雪上加霜的损害。许多取代工厂工作和其他蓝领职位的新工作属于"助人"的专业领域,历来与女性相关。护理、教育、客户服务和酒店管理等领域的就业都在增长。

"赢者通吃"的经济、自动化带来的大规模失业的可能性、个人梦想的破灭和社会结构的磨损都是实际的问题。改革是必要的。这些改革包括更强大的安全网、更合理的税收计划、更公平的国际贸易规则,以及对被迫进入"零工"经济(即选择像网约车司机这样的不稳定的临时工岗位)的人的劳动保护。

但禁锢的男性气质阻碍了对我们全球社会经济体系的清晰认知。一种孤立的视角、一种竞争而非合作的倾向,以及一种匮乏的思维方式,正将许多男性推入一种更深的防御性蹲伏状态。这是一种愤世嫉俗、危险的蹲伏状态。许多男性都在采取一种"我

第 6 章 新的故事：在工作中重塑男性气质

们对抗他们"的思维方式，妖魔化他人，包括敌对政党、移民和其他国家。禁锢的男性也回避建立一个应对气候危机的经济体的必要性。事实上，许多人否认人类对环境所造成的影响，并拒绝为防止地球灾难而作出努力。

解放的男性气质开始起作用

这是一个不同的、更有希望的故事，与解放的男性气质有关。具有这种男子气概的男性能更好地理解今天日益增长的经济复杂性。他们倾向于看到人与人之间、公司之间、国家之间以及人与地球之间的相互联系。有了这种系统性的观点，他们就更有能力提出顾及我们的相互依存关系、不舍弃任何人的解决方案。

解放的男性不仅在更大的社会层面上努力解决问题，而且也在当今的职场中取得了成功。保罗就是这样的男性。

保罗是 M3 的长期成员。20 多年前，保罗刚加入 M3 时，是一名会计，走的是一条典型的男性职业成功之路。但他讨厌这份工作。他内心一直渴望的是成为一名护士，M3 的男士们鼓励他忠于自己。因此，在参与 M3 几年后，保罗转而从事了护理工作。

他的事业已蒸蒸日上。保罗不仅热爱他在新泽西州医院的工作，而且在专业上也有所进步。在继续直接为来访者提供护理的同时，保罗还承担了管理的职责。他的举措之一是鼓励急救专业

重塑男性气质
拥抱更有同理心与联结的世界

人员在医院里展现出更多的同理心。他注意到了急诊室里的急救人员会在和病人打交道时使用黑色幽默，且表现得很冷酷，保罗将这种行为视为在痛苦和悲伤中的自我保护。他说，他努力在工作中提倡更大的善意，并最终实现更有效的治疗，这源于他成长为一个成熟男性的经历。

"如果我没有体验到努力使自己变得更富有同理心的好处，我就不会推动这种改变，"保罗说，"我们中的大多数人，无论男女，都可以更好地对待彼此。这对病人来说是有影响的。"

保罗并不是唯一一个将解放、扩展的男性气质带入工作，并因此获得更多快乐的人。

其他一些男性提出了对"只有受过大学教育的男性才能摆脱禁锢的男性气质的困境"这一刻板印象的挑战。以格雷格为例，他是一家建筑公司的老板，敏感而能干，高中毕业后就进入了他的家族企业。格雷格也是一位 M3 成员，他将作为一个男性的更宽广的方式带进了自己的职业生活中。这些年来，作为一个老板，他已经有所改变。定期与其他男性交谈希望和恐惧、喜悦和悲伤，促使他从不同的角度看待自己的 35 名员工（这些员工大多是男性），并以更轻松的方式进行管理。"我绝对是从一种竭尽全力的状态转变为了去真正地为这些人考虑，"他说，"你会从雇主或老板的身份上退后一步去思考，'好吧，有小孩希望他们的爸爸出席他们的软式棒垒球赛或乐队演奏会'。"

第6章 新的故事：在工作中重塑男性气质

解放的男性气质，存在于大大小小的企业中

男性不仅仅正在小企业中以新的方式进行领导。你可以发现，解放的男性气质也正在世界上规模最大的一些组织中生根发芽。

以查克·罗宾斯为例。罗宾斯是思科系统公司的首席执行官，该公司是一家数据网络和通信技术公司，在全球拥有7.4万名员工。

罗宾斯在2015年执掌思科不久后，做了一个生动而令他不安的梦。在梦中，罗宾斯拜访了一个流浪汉的营地，在那里他看到了他的牧师和他的父亲的脸。这个梦激发他采取行动，应对困扰着硅谷城市圣何塞的无家可归者的问题，圣何塞被称为思科公司的"家"。

"第二天，我给市长打了电话，"罗宾斯告诉我，"我说，'我想参与解决这个问题'。"接下来，思科公司的社会责任感激增。公司决议未来5年向致力于彻底解决圣何塞地区无家可归现象的非营利组织"目的地：家"（Destination：Home）捐赠5 000万美元。事实证明，罗宾斯回馈社会的承诺是具有感染力的。或者，他自己的说法是，他对无家可归问题的关注只不过是促使了世界各地的思科员工与其他人分享他们已经在做的服务于社区的事情，并促进了他们的努力。

"大家非常渴望回馈社会，"罗宾斯说，"我们只是让其得以实现。大家都欣然支持。这让我很吃惊。"

请注意，慈善事业并没有让罗宾斯偏离传统的商业目标。在他的领导下，思科推出了一项新的订阅网络设备服务，这是该公司历史上增长最快的产品。凭借新服务的优势，思科股价升至20年来的最高点。

罗宾斯说，做正确的事情推动了业务的发展，因为各地的员工都为能在一家让他们引以为傲的公司工作而充满动力。实际上，在罗宾斯的领导下，思科成了卓越职场研究所"全球最佳雇主榜单"的第一名。罗宾斯认为，从长远来看，如果像思科这样的强大组织不带头解决社会问题的话，我们全球的未来将更像是一个噩梦，而不是一个梦想。

"我们必须培育健康的社会，"他说，"否则任何人都不会成功。"

罗宾斯并不是唯一一位将社会责任定义为商业优先事项的行业领袖。他是"商业圆桌会议"（Business Roundtable）的成员，这是一个由首席执行官组成的团体，他们在2019年宣布了"对我们所有利益相关者的基本承诺"——而不仅仅是对股东的承诺。

从钢铁型男性到青色型男性

所有人都参与了越来越多的关于提升我们工作方式的讨论，令人鼓舞的是，男性在这些讨论中起到了建设性的作用。实际上，

第6章 新的故事：在工作中重塑男性气质

男性正在重新思考那些常常使他们受益而使他人利益受损的职场环境。例如，男性正在积极推进"敏捷开发"的工作方式，这种方式用协作式的团队合作取代自上而下的流程。男性也是"有意识的商业共同体"（Conscious Capitalism Community）的核心，这是一个由商业领袖组成的"致力于通过商业提升人性和个人长远利益"的团体。

男性也是"青色运动"中的关键参与者，该运动旨在将我们的职场转变为充满灵魂、有生命力的地方。正如作者弗雷德里克·莱卢（Frederic Laloux）在《重塑组织》（*Reinventing Organizations*）一书中所写的，青色思维包括"对完整性的深切渴望：将自我和自我的深层部分结合在一起；整合思想、身体和灵魂；培养内心深处与女性和男性特质有关的部分；在与他人的关系中保持自我的完整以及修复我们与生命和自然的破碎关系。"

莱卢以各学者探索人类发展阶段的工作为基础。在这项研究中，青色是描述人类意识水平的颜色体系的一部分，它指的是这样一种意识，即所有生命都是相互依存的。青色意识还旨在用信任的心态来取代我们内心深处的恐惧——既信任彼此，也信任生命发展的方式。采纳青色原则的组织将目的置于利润之上，使员工能够自我管理，并尊重人类和地球的整体需求。

青色公司在提高经营收益和市场份额等常规方面已显示出巨大的成功。它们也正在吸引一些想要摆脱激烈竞争的人，这种竞争可能会让我们陷入最糟糕的本能。

换言之，走向青色组织的运动与解放的男性气质在工作中呈现的样貌是高度重合的。你可以说，我们需要停止尝试成为钢铁型男性，转而开始成为青色型男性。

青色型个人——特拉维斯

令人感到惊讶的是，作出这种改变的其中一人是特拉维斯。他摆脱禁锢的男性气质的旅程开始于一个低谷，当时他的销售团队运转异常，有可能无法实现目标。特拉维斯做了一些反思，了解了更多管理相关的知识，并决定尝试一种完全不同的方式。

特拉维斯决定倾听他的团队成员的心声，而不是告诉他们该做什么事和怎么做事。他分享了他们所面临的总体挑战——他们的业绩比既定的6个月目标销售额低了20%的事实。他征求了他们的意见。主要的选择可以归结为专注于一小部分客户，他们创造了该部门大部分的销售额；或者继续去争取各种各样的客户——尽管大多数其他客户在每笔销售中所带来的收益要低得多。

特拉维斯自己的分析表明，要加倍努力争取大客户，但他的团队作为一个整体更倾向于另一种策略。尽管满怀疑虑，特拉维斯还是为他们的设想开了绿灯。然后他就见证了成果的涌现。

"天哪，他们真的做成了。"他回忆道。团队弥补了赤字，

第6章 新的故事：在工作中重塑男性气质

在半年时间里赚了大约 1 000 万美元。特拉维斯将此归功于同事们心中的激情，他们终于对自己团队的决策方向有了发言权。"错误的战略遇到充满干劲的人也会变成正确的战略，"特拉维斯说，"正是这种努力促成了这一切。"

他采取的不同的领导方式所释放出的力量促使他在工作中走向一种不同的男性气质。他发现了莱卢的书，感觉这本书非常鼓舞人心，于是他又与他人合作撰写了一本书——《重塑规模企业》（*Reinventing Scale-Ups*），该书讲述了初创公司创始人是如何在发展业务的过程中采用青色原则的。

后来，特拉维斯成为一名商业教练，加入了由我共同创立的一个名为"青色团队"的小组。这个小组由商业顾问和研究人员组成，大约有 10 名成员，我们支持彼此的个人成长和专业成长，研究青色理念，并就"组织如何发展以适应当今复杂的需求"举办研讨会。

特拉维斯的故事反映了当今的男性是如何在工作中重塑男性气质的。在摆脱禁锢的行为方式、领导方式以及组织我们职场和经济的方式这一转变中，我们依然还处在早期阶段。但是，拥抱解放的男性气质的男性已经在产生积极的影响。他们正在推动我们走向一种为我们所有人服务的工作方式。

重塑男性气质
拥抱更有同理心与联结的世界

思考和行动

好奇心：你在工作中是如何表现的？你是否意识到了你处在什么样的男性气质中？你能想起某个你表现得像一个禁锢的男人的时刻吗？什么时候你展现了解放的男性气质？

勇气：在工作中，你能否接受在情感上表现得更加开放和脆弱？如果你是一名领导者，你能否向团队成员寻求帮助，或者让他们在工作中有更多的自行决定权？如果你不是领导，你能和你信任的同事分享你的担忧或喜悦吗？

同理心：你能更多地注意到他人在工作中所体验到的伤害、失望或遇到的困难吗？如果一个同事在某种程度上受到伤害，请提供你的支持和关怀，即便只是以倾听的方式。

联结：在工作中，谁是你想加深了解的人？迈出一步，加深你与他们的个人关系。不要让潜在的偏见或障碍（如职级差异）阻碍你。

承诺：你能承诺明天在工作中表现得更像一个解放的男性吗？你可以通过有意识地练习来变得更灵活、更温暖和更具联结性。

第7章

内心的诗意：尊重男性灵魂

第 7 章 内心的诗意: 尊重男性灵魂

在我们对男性和男性气质的讨论中,我们经常提到灵魂(soul)的概念。我们所说的灵魂的概念是非宗教性的。它常常游走在可见和不可见的现实之间。这是一个模糊而多层次的概念,需要加以定义和解释。然而,这造成了一个难题。一旦我们试图定义灵魂,它就会脱离想象的世界,被重新安置在认知领域。灵魂就变成了一种实体,而不是一种体验。

灵魂是一种看不见的存在,它通过人类的全面体验,例如敬畏、惊奇、痛苦和困惑等,被揭示出来。它关注的是隐藏于我们体验的"表面之下"的东西。当我们进行最理性的思考时,以及当我们心存由复杂且时而扭曲的思想所衍生的黑暗、隐秘的幽深之处时,灵魂都会存在。

灵魂在生命的奥秘之中茁壮成长。它想知道并投入那些感受和体验,而不是对它们加以理解和分类。灵魂就像夜晚的梦,可以唤起无拘无束的想象。在梦中,我们可以飞翔或探索各种现象,而不用关注任何特定的时间或地点。我们可能会变得情绪高涨、吓得魂飞魄散，或者以无法解释的方式得到启发。当醒来时，这些想象和体验去哪里了？它们被转化为模糊、难以捕捉的印象，只留下灵魂存在的蛛丝马迹。

当一个男人在学校的演出或足球比赛中充满爱意地观看他的儿子或女儿的表现时，他灵魂深处的某些东西得到了滋养。当一个男人照顾他即将逝去的父母时，他的灵魂就会处在高度的戒备之中。当一个男人承认对另一个人深切的爱时，他的灵魂就会翩然起舞。然而，矛盾的是，当一个男人出于欲望、嫉妒或愤怒而行动时，灵魂也会显露出来。詹姆斯·希尔曼（James Hillman）是原型心理学（Archetypal Psychology）之父，他倡导心理学需要回归到灵魂的需要。希尔曼认为，当我们变得简单化、物质主义化和写实化时，灵魂就会被忽视。他敦促我们倾听灵魂，尊重灵魂向我们揭示的人类体验的深度和复杂性。原型心理学的一个关键概念是"留在意象中"——也就是说，停留在意象中并倾听想象。"意象的馈赠是它提供了一个让你观察自己灵魂的地方。"

灵魂总是存在于我们内在和我们周围。当一个男人持有一种不过时的、不受约束的男性气质愿景时，他就活出了一种充满灵魂的男子气概。媒体谈论的"有毒的男性气质"和"成为男性的正确方式"削弱了男性气质的灵魂。定义"合适"的男性性别角色是对男性灵魂的不尊重。男性气质仍然处于危机之中，因为男性气质的灵魂深受不被关注、被忽视和不被尊重之苦。从禁锢的男性气质通往解放的男性气质的旅程让灵魂又有了各种可能性。重塑的男性气质将男性的灵魂从写实主义的束缚和控制中释放出

第7章 内心的诗意：尊重男性灵魂

来，回到原型的世界。它将灵魂安置于生命的神话、奥秘和魔法之中。

在心理治疗中，男性和女性经常抱怨焦虑、恐惧、回避、抑郁、愤怒、暴力、孤独和自我沉迷。大众心理学和自助导师们提供了方法来解决这些抱怨。然而，永不衰退的和平与舒适的生活是一种假象。这一误解常常使男性与自己的灵魂分离，甚至可能使他的症状恶化。这是因为痛苦是生活的一部分，生活总是伴随着痛苦。而在那些艰难的时刻，我们人性的最深处就被暴露了出来。我们必须敞开心扉，倾听所有来自它的令人费解的启示。我们听到的内容可能包括了我们的灵魂正告诉我们的要点：同理心和自我关怀是抚慰和应对我们人生中痛苦的方法，以及与真实世界的紧密联结可以激发我们的快乐。

当我们有幸体验到愉悦和宁静的时候，请考虑这是灵魂在起作用——不过要知道，这并不是灵魂唯一栖息的地方。灵魂既存在于生活的欢愉中，也存在于生活的泥潭中。它陷入担忧和恐惧时也如同面对敬畏和惊奇时一样自在。当生命在一呼一吸之间展现时，灵魂就存在着。

"心理学"（psychology）一词源自希腊语"灵魂"（psyche），"心理学"的字面意思是"对灵魂的研究"。由于每个人都会发展出一种"个人的心理学"或"人生哲学"，每个人都拥有自己的个人灵魂或内在真理。因此，每个人都有责任用信任、好奇和智慧来培育自己的灵魂。这种个人的灵魂体验与"阿尼玛·蒙迪"

（拉丁语：anima mundi），即与"世界灵魂"紧密相连。这就是为什么我们的作为或不作为会波及所有的生命。

解放的男性气质尊重男性的灵魂，它欣然接纳好奇心、多样性和模糊性。解放的男性气质更喜欢创造力，厌恶刻板的教条。它因敞开地面对生活而繁盛，并颂扬即兴而为。随着一个男人对男性气质的观念变得成熟，他的灵魂也会变成熟。一个扩展的男人理解生活的荒唐，同时也有充分拥抱生活的意图。他能够有勇气径直地前往生命的深处，沉入那些可能引起困惑同时也带来启发的问题中。例如，一个男人可能会质疑他日常工作的价值。他可能会意识到自己渴望亲密和爱，也可能会向往新奇的事物和冒险。他拒绝简单的二分法思维，比如好与坏、对与错、值得与不值得、天堂与地狱。他欣赏生活的曲折性、复杂性和所有的灰暗时刻。

一个有灵魂的男人懂得慷慨和爱的价值。他的自我觉察和意图将他与家人、朋友、社区、国家、全体人类以及环境联系在一起。他明白他的生命是一个奥秘，以及他的生命很重要——他的意图很重要，并且他的行为会产生影响。他的灵魂随着每一段可预测和不可预测的生活经历而深入存在的根基。一个有灵魂的男人会审视他的阴影自我，并尊敬它所拥有的力量。另外，他对这种力量的反应塑造了他的核心价值，并构建了他的基本性格。

这样，一个有灵魂的、解放的男人就是一个具有更强觉察和更广阔可能性的男人。他越来越能意识到所有生命之间的相互联

第 7 章　内心的诗意：尊重男性灵魂

系，以及看不见的真实在宇宙中和在他自己内部被呈现的方式。这种提升了的意识，有时被称为"整体意识"，在今天是至关重要的。在我们这个日益复杂、相互依存的世界中，男性需要一种更加成熟、有益于灵魂的思维方式，这不仅是为了个人的蓬勃发展，也是为了我们的物种和星球的繁荣。

在解放的男性气质中，男性会看到灵魂存在于万物之中。这包括有生命和无生命的世界，因为一切都参与我们的想象。想象一下参观科罗拉多大峡谷的情景。第一眼见到它时，你可能会有深刻的体验，并对大自然的壮丽充满敬畏之情。在那一刻，神圣的存在显现了出来。它让我们谦卑，也让我们振奋。我们瞥见了大自然缓慢的力量中所蕴含的永恒。当见证大自然永恒的宏伟时，时钟上的时间的意义就变得无关紧要了。

为什么男性的灵魂很重要？灵魂对当前的男子气概状态有什么意义和影响？如何尊重男性的灵魂？这些都是重要而合理的问题。如果不主张大众对男性气质灵魂的关注，我们就无法设想出一种重新定义男性气质的方式。如果不关注灵魂以及它表达自己的方式，我们就只会像追求众多虚假的"神"一样在生活中流于表面形式。例如，对男性保护者角色和供养者角色过于严格的解读，没有给灵魂留下任何扩展的空间。即使是最成功的供养者也会感到空虚和缺乏目的。由于灵魂参与了生活的方方面面，一个虚弱的灵魂将表现为空虚的感觉，并竭力想与他人隔绝。对灵魂的忽视会使人感到抑郁、缺乏灵感和无聊。想象这样的情景，在吃美味佳肴时，没有味蕾来告诉你每一口可能会体验到的快乐。

重塑男性气质
拥抱更有同理心与联结的世界

不幸的是，我们灵魂中的任何空虚之处都很容易受到诱惑，以填补空虚的感觉，一个被忽视的灵魂可能会被仇恨、厌恶女性、偏见、暴力和社会分裂所吸引。一个受伤或被遗弃的灵魂可能会试图通过过度工作，或者将时间无止境地投入让精神麻木、盲目的分心之事中，比如电脑游戏或肤浅的娱乐中，来寻求慰藉。过度沉迷于色情、毒品和酒精的男性往往在苦苦哀求着意义和人际关系。那些以赚钱或获得身份地位为生活重心的男性渴望得到认可，渴望能感受到自己很重要。受到那些没有内在价值的外部事物的牵引在心理上可能是令人着迷的，尤其是在一个常常是疏远的、高度复杂的和越来越虚拟的世界中。

当男性更深地进入解放的男性气质时，一种充满灵魂的男性气质就会随之生长。那些拥有自我觉察并充分尊重自己的许多原型维度的男性，通过3个不同但又整合的视角来全面地看待世界。

实用主义视角存在于我们的身体和头脑中。该视角使男性能够看到生命的物质现实。这种可见的现实是生存、发展和生活顺遂所必需的。

深具同理心和联结的视角存在于我们内心的诗意中。它生成了一种相互联系和相互依存的世界观。这一视角注意到了为我们的关系赋予意义的非可见的现实元素，如爱、慷慨、善良、真实和情感。你无法在任何商店购买这些体验，也无法在网上找到它们。

灵魂的视角存在于想象中。我们的想象产生了我们整体的世

第7章 内心的诗意：尊重男性灵魂

界观。它给了我们自由，来赋予生活智慧或非理性。灵魂想要学习和体验，而不是评判。灵魂的视角提供了一种"美学很重要"的世界观，因为美和强烈的情感滋养着灵魂。它可能是一幅画的美，是你的孩子安全地依偎在你怀里的美。在黑暗的一面，灵魂会被大自然的强大力量所震慑，或因接到危及生命的诊断而感到震惊。快乐和艰难的时刻使人们注意到，一些非常重要的事情正在发生。

这3个视角的整合代表了男性在生活中渴望的充满灵魂的改变。男性有一种真诚的愿望，希望能够不受限制，并通过所有视角来体验生活。禁锢的男性气质倾向于强调实用主义的视角。它用僵化的规则和教条式的信念来限制想象的视角，并排斥同理心和联结的视角，认为它太"女性化"。

事实上，禁锢的男性气质已经驱逐了灵魂和精神中的女性特质，然而，所有健康的人类灵魂都是将男性特质与女性特质协调在一起的。学者马修·福克斯（Matthew Fox）对几千年来"神圣的女性特质"被驱逐的状况感到悲痛："男性的灵魂被这段历史深深地伤害了，女性的灵魂也是如此。"

但这不仅仅关乎我们这个物种以及地球上所有生命处在危急关头的生存状态，这也关乎每个个体的生活质量。当灵魂的视角被忽视时，男性就会追求空洞的目标，就会追求"虚无"的尘埃。这造成了进一步的疏离以及任何药物都无法治愈的疾病。例如，我的一位来访者被诊断出有医学上的心脏问题。在我们的一次治疗过程中，这位男士说："医生，如果你能帮助我治愈我的灵魂，我的心脏就能自行恢复。"

男性灵魂深处的危机将其危害注入了关系、家庭、社区、政治、流行文化以及我们对待地球的方式中。与此同时，对灵魂有所觉知的男性所产生的影响为生活的各个领域提供了弥补的希望和机会。弥补行为发生在微观层面和宏观层面。它们可以是对某个人的一个简单的善行，也可以是对数百万人产生积极影响的精心设计的企业理念。例如，请看以下内容。

- 每当一个男人为家人提供食物和情感支持时，他的灵魂就得到了滋养。

- 每当一个男人与某个孤独的人建立联结时，他就触及了同理心的精髓。

- 每当一个男人鼓励而非羞辱另一个人时，他就增强了灵魂之美。

- 每当一个男人尽管疲惫不堪，却依然参加孩子的学校活动时，他就创造了一种深情的记忆。

- 每当我们埋葬我们所爱的人时，丧失的痛苦就会揭示出灵魂对联结的需要。

- 每当一家企业选择向员工支付更高的工资，而不是增加高管的奖金时，灵魂就会被触动。

第 7 章　内心的诗意：尊重男性灵魂

● 每当我们的组织和机构增进平等、保护所有男性和女性的尊严时，灵魂与同理心就会被唤起。

● 每当各国采取直接行动保护环境时，世界的灵魂就得到了培育和尊重。

当我为男性个体或男性团体做治疗时，或者当埃德·弗朗汉姆与组织合作时，我们知道我们可以制定策略，帮助缓解情绪症状或提高生产力和士气。但如果男性或组织的灵魂被忽视，这些干预措施就往往不会成功。

这里有一个例子。当一对已婚夫妻来进行他们的第一次治疗时，通常他们的关系已经陷入困境相当长的时间。这对夫妻可能会描述他们如何共同生活、如何养育孩子，以及如何在工作中找到满足感。但他们彼此感到疏远、愤怒、失望和痛苦。"离婚"这个词已被提及过，而且肯定也被考虑过。既然他们拥有出色的孩子、足够的金钱和财产，那么问题还会出在哪里呢？

揭示真相并没有花很长时间。婚姻的灵魂快要销声匿迹了。它几乎被抛弃了，很少被任何一方关注。这段关系有所有华丽的东西和装饰，但却没有什么深度和实质。实质是通过关照婚姻的灵魂而产生的。照顾婚姻的灵魂就像涂抹情感混合胶，将两个单独的个体维系在一起并强化为一个充满爱的整体。治疗的任务集中于在夫妻之间创造足够的情感安全，让那个从恐惧、忽视和虐待中逃离的灵魂感到安全，可以回归并充分投入这段关系中。

重塑男性气质
拥抱更有同理心与联结的世界

人生的作业

一位年轻的艺术学生在完成学校作业时，重新创作了一幅古典风格的绘画，这幅画看上去感觉很像过去的许多大师画作。

"这是一幅很好的画。"他想。

后来，他的老师对这幅画作了如下评论：

"这不是你，"她说，"这是你认为你应该成为的人。你在试图'做'一名艺术家，而不是'成为'一名艺术家。真正的创作不能急于求成，它可能需要花费数年来慢慢开展。也许你永远不会真正完成它。你必须释放你的想象力。"

然后她指示她的学生重新做这个作业。"从你的灵魂出发进行创作。"她建议道。

那位年轻学生现在已是一位老人，也是一位广受赞誉的艺术家。然而，每天早上他都会看着镜子，想他是否完成了这项作业。

我们知道，并且我们认为你也知道，对男子气概的想象需要重塑。我们知道，即使在男性与生活的荒谬和矛盾抗争时，具有灵魂的男性气质也是真正与世界联结在一起的。有灵魂的男性气质拥有去拓展的勇气和让我们所有人的日常生活更加鲜活的承

第 7 章 内心的诗意：尊重男性灵魂

诺。这是一种以善良、尊重和平静来为世界增添光彩的灵魂。

同样，一些机构和组织正在不断进化，以拥有、保护和滋养灵魂。解放的男性与女性合作，正在重新思考我们的工作方式，以摆脱扼杀人类精神的机器般的文化。正如我们在上一章中看到的，在他们的努力之下形成的组织是巨大的希望之源。通过将目的放在首位、分享权力，以及关注人们的整体需求，这些新兴的组织被证明是更加敏捷、高效的，财务上也是更加可持续的，与此同时还让灵魂得到了提升。

重塑男性气质是一项超越性别的人类事业。除非男性可以尊重灵魂，否则灵魂将不会尊重男性，解决我们复杂社会问题的方法将会很肤浅，世界的灵魂也将变得黑暗。关注灵魂将带来一种范式的转变，这使我们有超越自我的视野，并追求迫切需要的事物——一种有灵魂的和解放的男性气质。

思考和行动

好奇心：灵魂在好奇心和探究欲中茁壮成长。你能找出3段"触动你灵魂"的人生经历吗？是什么让那段记忆如此深刻？

勇气：如果你要追寻你的幻想的足迹，你的想象力会把你带到哪里呢？它向你揭示的是什么？

同理心：你能对在情感或身体上伤害你的人抱有同理心，而不是指责吗？你能发现你可以从这段经历中学到的东西吗？

联结：环顾你周围的物品。挑选一件具有深刻意义的物品，并写一首短诗或一个故事来体现它对你的意义以及它为什么是有意义的。

承诺：下决心跳脱出写实主义，保持好奇心。让想象带着你踏上魔毯之旅，去揭示你真正想要或需要的东西。

尾声

是时候重塑男性气质了

尾　声　是时候重塑男性气质了

重塑男性气质是一项谦逊而大胆的任务，我们所有人都清楚这一点。虽然很荣幸能写一本关于成为男人的更好的、更新的方式的书，但我们两位埃德自己也曾一直为男性气质的议题挣扎。我们彼此分享了在标准的男性规则之下成长的故事。有时我们会嘲笑自己。但有时，当我们讲述起由于自我怀疑和恐惧而导致人际关系处理不当及错失机遇时，我们会感到悲伤、尴尬和羞愧。

我们也不得不承认，传统男子气概中令人困扰的方面仍然会出现在我们的日常生活中。埃德·弗朗汉姆谈到了他向妻子和孩子们反复发脾气，这是禁锢的男性气质用愤怒和攻击性掩盖恐惧或失败的典型例子。与此类似，埃德·亚当斯也谈到了他对于批评的过度反应，这重现了他在一个酗酒的父亲那里体验到的愤怒。

毕竟，我们就像无数的男人一样——不完美，但是在努力改进。我们试图打破一种局限的、过时的、危险的且禁锢的男性气质，从而更深地潜入解放的男性气质中。

重塑男性气质
拥抱更有同理心与联结的世界

当我们开始构思这本书时，我们讨论了它的中心思想应该是什么。考虑到当今世界的动荡状态，男性气质需要得到重塑的想法似乎是很明显的。但重塑的模式会包含什么？对于这样一个大胆的项目，要采取什么样的准则？答案是显而易见的。我们需要将同理心和联结融入男性气质的灵魂。确切地说，我们不需要创造出新的男性特质。我们只需要去确认那些存在于我们人性中，长期以来激励着男性和女性的元素。

同理心是一种不分性别的特质。同理心和它的表亲——联结，是促进爱、治愈和合作的价值观。根据学者马修·利伯曼（Matthew Lieberman）所说，社会联结"可能是增进我们幸福感的最简单的方式"。

我们也意识到，男性需要鼓励，以摆脱狭隘的男子气概的观念。我们需要恢复各种不同的角色，增加更多在世界中活动的方式，并将我们的群体意识扩展到能够涵盖全人类和生命本身。

当我们衡量重塑男性气质的集体效应时，我们比以往任何时候都更加担忧，但也更加充满希望。我们担忧禁锢的男性气质的暴行可能会继续主导我们的文化。禁锢的男性气质与我们的时代格格不入。它无法理解或拥抱我们这个日益多样化、复杂化和相互依存的世界。它阻碍男性过上充实的生活，损害和减少他们的关系，阻挠他们在工作中取得成功，并妨碍他们成为负责任的公民。这一版本的男子气概经常宣扬愤怒、暴力、偏见、厌女、恐惧、压迫和误解。然而，这种男性气质的风险会更大。它的好斗、自私、不宽容和短视正在将我们推到灭亡的边缘。

尾　声　是时候重塑男性气质了

但这并不是唯一的可选项，而我们的希望就在于此。我们有能力通过活出我们人性中最好的一面来重新定义男性气质。我们被赋予了相互依恋、创建联系以及与我们直系亲属以外的其他人和地球保持深度联结的能力。每一天，我们每个人——男人和女人——都在参与创造、维持和改变我们关于男子气概的文化信念。我们彼此交谈的方式，我们的亲密关系和广泛的人际关系，我们的工作实践，我们的领导原则，以及我们养育孩子的方式，所有的这些都交织进了我们对男子气概的看法中。

虽然这本书主要是为男性撰写的，但将解放的男性气质融入我们的文化所需的变革在女性的支持之下将发生得更加迅速和深刻。在漫长的时间里，以禁锢的男性气质来行事的男性通过许多可怕的方式限制和伤害了女性。其中一种方式就是拉拢女性进入这个禁锢的圈子。

有时，为了在"男人的世界"中取得成功，女性自己也采用了禁锢的男性气质的信念和行为。一些女性鼓励男性拥有最具攻击性和以"我"为中心的特质，同时否定那些努力扩展其男性气质观念的男性。从这些意义上说，男性气质的重塑关乎每个人。

需要明确的是，我们男性对自己负责。我们不能再逃避必要的内在工作，也不能指望女性为我们做这些工作。我们有很多事情要做，以纠正我们的性别在禁锢的男性气质影响下所犯的错误。不过，当女性与男性在解放的男性气质之旅上携手共进时，每个人都会有所进步。

重塑男性气质
拥抱更有同理心与联结的世界

霍莉·巴洛·斯威特（Holly Barlow Sweet）博士雄辩地表达了这一观点，她是美国心理学会第51分会的第一位女性主席，该分会致力于研究男性和男性气质。斯威特写道：

"许多女性曾经持有的普遍信念是，男人拥有所有的权力和特权，不会遭受痛苦。这种信念对男性和女性都是不公平的。对男性为摆脱限制性的性别角色规范而进行的斗争表达共情，有益于我们所有人。在性别的零和博弈视角之下，我们对男性的关注越多，我们对女性能有的关注就越少。在性别的共情视角之下，我们对男性的关注越多，女性也受益越多。"

你会采取"性别的共情视角"吗？你是否会对人们展现出更强的同理心，不管他们是男性、女性，还是拒绝将自己定义为任何一种性别的人？你是否会寻求与你周围的人更深入地进行联结，去认识你们共有的人性？

就其核心而言，这就是走向解放的男性气质的含义。这是一段通往更大的善意和爱的旅程。所有人都可以踏上这条路，我们邀请你行动起来。

特别是对于男性而言，我们鼓励你踏上解放的男性气质这条宽广和扩展的道路。从哪里开始并不重要。你可能处在连续谱系遥远的另一端，认为男性必须身强力壮、努力工作、铁石心肠。你可能处于中间位置，在伴随你成长的信念和作为一个男人生活可以有更多意义的感觉之间摇摆不定。或者，你可能沿着这条路走出了很远——不被过时的规则所束缚，并帮助他人也活得更自由。

尾 声 是时候重塑男性气质了

不存在一条终点线,或者说不存在一条单一的终点线。享受里程碑式的体验,比如在女儿高中毕业时所体会到的深深的满足感,工作中因改善合作而获得的加薪,帮助建立新的社区花园或选举一位明智的领导者而带来的集体兴奋感。是的,尽情享受那些时刻吧。同时,请继续前进。你总是可以更深入、更远地走向一种解放的、发展的男性气质。

而且你不会是一个人。许多男性已经开始行动了。许多男性都在打破限制其人性充分表达的禁锢的男性气质。他们勇敢地开始了一场无畏的冒险,去深入他们的内心,深入他们灵魂中阴暗、未知的角落。他们正在面对恐惧,也正在发现他们既能扩展自己的生活,又能激励周围的人。

男性正在以前所未有的方式养育他们的孩子,与之建立联结并始终参与他们的生活。男性正在用爱、诚实、正直和脆弱与其他男性建立联结。多元化的表达变得不那么可怕,更加融入日常生活。男性变得更加宽容。社会正义对许多男性来说很重要,他们认为需要有一个更有爱、更有同理心、更有联结的世界。

现在,许多组织的领导人正在摒弃自上而下的、拘谨的、自私的模式,而倾向于合作、表达关怀和承担社会责任。关于人们在工作中的整体需求以及企业决策对环境的影响的重要问题正在被提出。男性与女性的合作正在重塑组织,使其变得更加令人满意、可持续和富有灵魂。

然而,还有很多事情要去做。我们生活在危险的时代。这个

重塑男性气质
拥抱更有同理心与联结的世界

时代包含着猜疑、羞辱、仇恨和出于某些原因而伤害他人的意愿。微生物和病毒演变成大流行病，激发出了我们人性中的黑暗面。我们看到仇恨、偏见、不平等和自私贪婪的犯罪都在增加。人类这枚"硬币"的两面——阴影与光明——都是存在的，但只有其中一面能够使我们走出以自我为中心的"我"的视角，进入"我和我们"的视角。我们的任务是觉察到阴影，并将其带到光明中。这使我们能够面对带着全部天性的自己。禁锢的男性气质不能完成这项任务，但解放的男性气质可以。如果我们希望彼此的生活更和谐、更利于精神成长，那么解放的男性气质是必不可少的。

七面镜子

每天的早上和晚上，一个男人都要照七面镜子。第一面镜子反映了他与他父亲的相似之处——他的眼睛、他的下巴和他的烦恼。第二面镜子揭示了他选择让世界看到的面孔。如果他凝视第三面镜子足够长的时间，它就会显示出他的创伤、恐惧和疤痕。在第四面镜子中，他将看到一个好奇的小男孩闪耀着对生活和玩耍的热情。第五面镜子反映了一张由亲密和爱所唤起的柔软而温和的面孔。第六面镜子映照出一头毛茸茸的野兽，在等待着出场。第七面镜子显露了他的美德。

在每一天开始和结束时，第七面镜子中的意象最为重要。

尾　声　是时候重塑男性气质了

男性气质的灵魂拒绝被忽视或被商业主义和肤浅的关系所取代。男性气质的灵魂可能会隐藏起来，但它会继续叩响人类的大门。它知道融入生活而不是只做一个旁观者是多么重要。灵魂希望我们生活在今天的现实和矛盾之中，同时也使我们转向与所有生命体共存的、更为进化的方式。最重要的是，男性气质的灵魂希望我们对生命的奇迹、奥秘和可能性心存敬畏。通过尊重男性气质的灵魂，我们可以塑造一种富有同理心、具有联结的男子气概。它能将我们从过时的、有害的男性规则中解放出来，使我们能够在关系、工作和社群中茁壮成长。

闹钟正在作响，而且不会停止。现在是时候让我们每个人都醒过来了，让我们从一种禁锢的男性气质走向一种充满同理心和联结力量的解放的男性气质。

现在，是时候重塑男性气质了。

衷心感谢，

埃德·亚当斯和埃德·弗朗汉姆

附录

附录

讨论指南 | 男性气质自我评估表 | 可做的事情

● 以下 12 个问题可供男性在小组中思考和讨论:

○ 在个人层面上,成为一个男人对你来说意味着什么?

○ 找出一个对你的生活具有重大影响的男人。关于成长为一个男人,他教会了你什么?

○ 你遵循着哪些男性气质的规则?你是如何学到这些规则的?

○ 什么会激发你的同理心?为什么你可能会抑制同理心?

○ 对你来说,建立和维持亲密的友谊有多难?你觉得为何很多男性都是孤立的?

○ 想一想你生活中的女性。她们似乎希望你是或者成为什么样的男人?她们的期望对你有何影响?

○ 男性如何才能将他们的关怀和同理心的范围扩大到他们自己和他们的直系亲属以外?这种扩展会如何使世界变得更美好?

○ 你会练习自我关怀吗?如果会的话,你是如何练习的?男性如何帮助彼此发展自我关怀的能力?

○ 你认为禁锢的男性气质在工作中是如何呈现的?你认为解放的男性气质在工作中是如何呈现的?

○ 你是否注意到工作中人们越来越期望男性变得灵活、温暖且注重联结?你在工作中感到情感上是安全的吗?请解释你的回答。

○ 你多久会向别人表达一次你的强烈情绪?是什么阻碍了你的情绪表达?

○ 你能说出一段触动你灵魂的人生经历吗?做一个有灵魂的男人会如何丰富你的生活?

重塑男性气质
拥抱更有同理心与联结的世界

| 讨论指南 | 男性气质自我评估表 | 可做的事情 |

● 在下列各项中，请圈出最能准确反映你的体验的数字。

陈述	强烈不同意		一般		强烈同意
我识别自己的感受并表达自己的感受。	1	2	3	4	5
我通过不打击自己来练习自我关怀。	1	2	3	4	5
我有关系密切的男性朋友。	1	2	3	4	5
我寻求他人的情感支持。	1	2	3	4	5
我喜欢合作，如同喜欢竞争，甚至多过对竞争的喜欢。	1	2	3	4	5
我经常挑战传统的男性规则。	1	2	3	4	5
我的灵魂或内在精神感到开放且有活力。	1	2	3	4	5
我喜欢与和我不同的人相处。	1	2	3	4	5
我感到与所有人和所有生物都有联结。	1	2	3	4	5
我把不同性别的人都视为平等的。	1	2	3	4	5

把你选择的数字加起来。如果你的总分是：

10~16：红色。是时候停下来了。反思你的行为，并质疑你对男性气质的信念。你能迈出怎样的第一步，来使自己走向解放的男性气质？

17~33：黄色。注意：请意识到，从这里开始，你可以走向两条路中的任意一条。请选择通往解放的男性气质的道路。

34~50：绿色。请继续沿着这条路走下去，并支持其他人踏上他们的解放的男性气质之旅。

附 录

| 讨论指南 | 男性气质自我评估表 | **可做的事情** |

○ 和几位男士聚在一起，讨论你对做一个男人意味着什么的理解。从前文中讨论指南提供的 12 个问题开始，然后继续讨论整本书中提到的问题。

○ 尝试与你在乎的人展开一次关于男性和男性气质的对话。向他们介绍一个影响了你对男性气质的态度的男人。

○ 列出一份你钦佩和尊敬的男性的名单。描述他们的品质，说一说为什么他们激励了你。

○ 在你的社区中寻找一个男性团体。心理健康机构和社区中心都是很好的起点。或者，由于健康的男性团体很难找到，请考虑自己建立一个——只需要两名男性就可以开始讨论。让它有机地发展。

○ 鼓励你当地的书店出售更多关于男性身体健康和情感健康的书籍。男性的问题往往被认为是不重要的，或者书店经营者可能认为男性不买书。如果这个销售很艰难，可以考虑在书店成立一个讨论男性问题的专题研讨小组。

○ 请到你的主治医生那里进行年度体检。很多男性没有充分利用各种健康服务，你可以成为例外。

○ 如果你正在考虑接受心理咨询，那就去试试吧。找一位有治疗男性经验的治疗师。在网上搜索一下，或询问其他人是否认识好的治疗师。

○ 如果你是父母，就和你的孩子谈谈男性和男性气质。鼓励孩子对自己的性别感到自豪。

○ 学会慷慨。把你的一部分时间、精力和金钱用于让世界变得更美好的事业。采取直接行动，帮助他人或我们的环境。

○ 当与他人进行社交时，开启一个关于解放的男性气质的讨论。

名家书评

文 / 保罗·吉尔伯特（Paul Gilbert）

大英帝国勋章获得者，德比大学临床心理学教授，慈悲聚焦疗法（compassion-focused therapy）创始人

我很高兴受邀为这本书写评论，因为它为"何为现代男性身份的本质"提供了深刻的见解。

我们成为什么样的男性在很大程度上是我们无法掌控的。我们并没有选择成为男性——拥有这些基因、身体和早年生活的社会条件。男性经常为了生育机会而与其他男性展开激烈的竞争。女性也创造着她们自己的等级制度。我们发现我们的社会竞争是受文化浸染的。我们发现自己有冲动、态度，以及关于我们应该要怎样行事的信念。

随时准备着为亲人和国家、为荣誉和赞扬而献身捐躯，这对男性来说常常是某种"英雄"的范本。我们要坚韧不拔，无所畏惧，隐藏起恐惧、悲伤、脆弱和绝望的情绪，行事正确。我们生活在恐惧中，害怕被羞辱为懦夫或胆小鬼、多余或无关紧

要的人！正如这么多影响年轻男性的娱乐片所展示的那样——从《007》中詹姆斯·邦德（James Bond）的神话到超人和复仇者联盟——一切都是关于战胜对手的力量。

这本书强调了一个事实，那就是并不一定非要这样。事实上，新的证据表明，在我们进化为狩猎—采集者的几百万年里，男性相对来说是没有攻击性的；他们的地位是通过利他、照料和分享而获得的。我们基本的天性已经被深深地腐蚀了。现代文化基本上已经把我们都逼疯了。

现在我们也开始理解情感需求的发展，以及什么会激发出我们最好和最坏的一面。这方面的许多洞察在本书中得到了专业的概述，由此我们可以对我们是谁以及我们可以成为什么样的人有新的认识。我们可以考虑一下，我们所秉承的角色对我们的关系乃至对人类来说是否有益。事实是，答案是否定的，而且几千年来都是如此。

现代人类学家发现，早期人类并不特别具有攻击性。相反，学者们指出，在狩猎—采集者群体中，人类非常热爱和平且关心他人，这些群体是塑造我们心智的主要社会结构。事实上，人类智力和语言的进化可能部分是因为我们专注于发展亲社会关系。这并不是要浪漫化狩猎—采集者，因为过去和现在都有部分人是很有侵略性的。然而，我们也知道，当社会环境良好时，男性的心理也会是良好的。

倘若我们的天性是很仁慈、热爱和平以及关心他人的，那么这一切到底是哪里出了问题？大多数学者指出了一点——农业。随着农业的发展，狩猎—采集者的生活方式逐渐消失了。而后，随着群体越来越庞大，固定的居住点出现了，资源也随之增加。这就为好斗的男性统治者开辟了道路，他们竞相进入等级制度的顶端，威胁着所有等级低于他们的人。

这给我们带来了什么呢？想想几个世纪以来，亿万男性用长矛、剑、枪支和炸弹相互攻击，无数战场上遍布着尖叫、惊恐和垂死的身躯，这是一种悲剧。为什么男性对其他人类如此恶毒？为什么我们要花这么多精力去发明更锋利的刀剑、飞得更远的箭矢和威力更猛的炸弹，引发杀戮和伤残？我们必须面对这样一个事实，那就是我们这个物种具有极端的潜力：既能造成巨大的伤害，又能提供深切的同理心。

本书传递的思想将有助于唤醒我们。它可能会让我们愤怒，这种愤怒来自我们意识到，男性已经被脚本化了，认为自己不过是可供支配的 DNA 片段，施展着拳脚，随时准备踩死挡到我们路的人——同时也准备着被别人踩死。这可以在无数的战场上、足球场上以及在我们对百万美元薪水的竞争中看到。它只适合于一个群体，那就是统治精英们。

我们如何才能从这种荒谬的、充满竞争的、破坏性的、等级森严的文化中解脱出来？答案是，我们必须开始相互关心；我

重塑男性气质
拥抱更有同理心与联结的世界

们必须开始在意成为与其他男性的命运紧密联结的男性；全世界的男性都需要说出"该适可而止了"；我们需要为我们所有人要求更好的社会条件和更明智的人生脚本；我们需要寻求更好的娱乐、更好的教育、更好的情感支持、更好的指导以及更好的领导。

由于男性的等级制度，女性在过去的五千年到一万年里，也遭遇了令人难以置信的不公平对待。女性被剥削、被交易、被强暴、被压制，以及被边缘化。不过她们的反抗越来越强烈，而且也完全正当。

男性可以对此加以支持，而且我们应该这样做，而不是羞愧地垂下头。我们必须看到，我们所陷入的悲剧源自基因建构和文化塑造的脚本，它并非我们的选择。我们并没有选择我们的大脑或社会环境。但我们必须立志成为富有同理心的人，尽我们所能过有益的生活。

正如本书作者所强调的那样，男性需要重拾拥有同理心的勇气，这是一种基本的人类特质，我们可以围绕它来塑造自己的身份——它提供了意义、目的、自尊和智慧。我们要想停止社会让我们彼此对立的方式，这么做就是必要的。我们不能再认为敌对的竞争在某种程度上是英勇的，同时否认它也具有严重的危害。当我们真正理解了同理心实际的含义，理解了当我们养成习惯并将它付诸实践时，我们大脑中会发生什么，我们就会开始认识到它是幸福的根源。它不是顺从，而是自信。它坚持平等和公平，

名家书评

坚持创造一个我们都想生活于其中并享受的世界。

《重塑男性气质》是一本精彩的书，它让我们思考如何将自己从极有害的过程中解放出来。对于我们所有人而言，是时候站出来说："还我们以完整的人性，还我们以尊严。"让我们找到我们的勇气，这样当我们死去的时候，我们知道自己已经努力使这个世界变成一个更好的、竞争更少、关怀更多的地方。

译者后记

文 / 卢依容

作为一名心理咨询师，我在和来访者的咨询工作中深刻地体会到，人们内在的痛苦和困境很大程度上来自缺乏深度的关系和联结，而它们正是意义感和幸福感无尽的来源。我很高兴有机会翻译这本充满智慧、勇气和爱的书籍，它不仅仅面向男性读者，实际上也面向女性读者。这本书为想要作出改变、获得更满意的生活状态的人们提供了一剂良方——包含好奇心、勇气、同理心、联结和承诺，这些在解放的男性气质中是很重要的特质。书中列举了生动而丰富的来自不同专业领域的案例，这些案例有的描绘出禁锢的男性气质如何在根本上损害着男性、组织机构以及社会的福祉，有的传递出解放的男性气质如何带来了力量和希望。

我们很容易在身边的男性身上看到禁锢的男性气质存在的痕迹。我在翻译过程中，也会不断地联想到我所熟悉的男性，有我的家人，也有我的朋友。他们往往很少表露自己的情感和需要，很少进行情感性的对话，容易把这样的交流体验视为一种脆弱的表现，他们更想要给自己穿上盔甲。他们在工作上投入大量时间，

重塑男性气质
拥抱更有同理心与联结的世界

认为在职场中谋求发展、在竞争中努力取胜、为家人改善生活条件才是该做的事情，才能够证明自己的价值。然而，很多时候这反而阻碍了他们获得真正的满足和幸福。我们无法通过摒弃人性中的某些部分，而享受到内在的富足。很多男性不敢去展露、有意回避的那些特质看似不实用，看似会让人处于一个脆弱的位置，但是当我们把这些特质真正纳入自身的时候，我们就拥有了更完整的人性，也有可能更全面、更深刻地领会到人生的意义。

我们身处在一个飞速发展、日益复杂且动荡不安的时代，要在身体上和心理上存活下来，并获得良好的发展，唯有彼此之间建立深度的联结，带着同理心去和周围的人与事相遇。打开自己的内心，流露真实的情感和需要，或者去体会他人的情感和需要，这不是脆弱的表现，反而是一种内在有力量的表现。因为这说明我们已经准备好去容纳、承担一切可能的情感与真实。当然，我们这么做的时候，可能会体会到一定程度的脆弱感受，但请相信，彼此之间灵魂深处的相会就像黏合剂一样，能够把我们真正联合起来，共同应对生活的挑战，最终会让我们更有力量。

在翻译过程中，针对一些我所不熟悉的领域中的案例，我也会和我的爱人进行探讨，询问他对此的理解，一方面力求翻译的准确性，另一方面也怀抱兴趣了解他是如何理解和看待这些案例中展现的男性气质的。在此，我想感谢我的爱人在翻译过程中为我提供的温暖关切与支持。

译者后记

尽管怀着恳切的心，但我的翻译文字依然难以免于有疏漏之处，还请各位读者朋友不吝指正，让本书译文能更好地传递出原文的要义。我对此万分感激。